高等学校土建类学科专业"十四五"系列教材

高 等 学 校 系 列 教 材

材料力学实验(第二版)

主编　王彦生

主审　谢建和　陈怀海

中国建筑工业出版社

图书在版编目（CIP）数据

材料力学实验 / 王彦生主编；谢建和，陈怀海主审
. —2版. —北京：中国建筑工业出版社，2022.8（2023.4 重印）
高等学校土建类学科专业"十四五"系列教材 高等
学校系列教材
ISBN 978-7-112-27533-5

Ⅰ. ①材… Ⅱ. ①王… ②谢… ③陈… Ⅲ. ①材料力
学—实验—高等学校—教材 Ⅳ. ①TB301-33

中国版本图书馆 CIP 数据核字(2022)第 103746 号

本书是高等学校本科材料力学实验的教材。本书在编写过程中，注重材料力学实验教学的特点，在每项实验中，对实验目的、实验原理、设计性实验的设计方法、注意事项、实验报告的要求以及思考题均有较详细的叙述和较严格的要求。

全书共分五章，第一章绪论，简要介绍材料力学实验的意义、任务及实验要求等；第二章基本实验，包括破坏性实验和主要力学性能测定等；第三章综合设计性实验，包括弯扭组合变形实验和叠梁与复合梁实验等；第四章创新提高型实验，包括小刚架应力测量实验以及某些工程测试等；第五章实验设备及仪器，介绍常用的实验设备及仪器。附录包括误差分析及数据运算、实验数据的直线拟合、常用材料的主要力学性能、工程材料力学性能实验的国家标准简介及适用范围、材料力学实验报告。

本书可作为高等学校土建、机械、水利、航空、造船等专业多学时材料力学的实验课教材，也可作为材料力学实验单独设课时的教学用书，还可供从事材料强度研究的工程技术人员参考。

为了更好地支持相应课程的教学，我们向采用本书作为教材的教师提供课件，有需要者可与出版社联系。建工书院：http://edu.cabplink.com，邮箱：jckj@cabp.com.cn，2917266507@qq.com，电话：(010) 58337285。

*   *   *

责任编辑：聂 伟 吉万旺 王 跃
责任校对：党 蕾

高等学校土建类学科专业"十四五"系列教材
高等学校系列教材
材料力学实验（第二版）
主编 王彦生
主审 谢建和 陈怀海

*

中国建筑工业出版社出版、发行（北京海淀三里河路9号）
各地新华书店、建筑书店经销
北京红光制版公司制版
天津安泰印刷有限公司印刷

*

开本：787 毫米×1092 毫米 1/16 印张：7½ 字数：178 千字
2022 年 8 月第二版 2023 年 4 月第二次印刷
定价：**21.00** 元（附数字资源及赠教师课件）
ISBN 978-7-112-27533-5
(39687)

第二版前言

本书是根据教育部高等学校工科基础力学教学指导委员会制定的《材料力学课程教学基本要求》编写的。本书主要介绍了材料力学实验的基本原理、实验方法及仪器设备，主要内容包括机测法、电测法等基本测试原理，以及相关仪器设备方面的基础知识。本书包括了9个基本实验和13个选择实验及配套的仪器设备的工作原理、使用方法、步骤，并在附录中介绍了误差分析及数据运算、实验数据的直线拟合、常用材料的主要力学性能、工程材料力学性能实验的国家标准简介及其适用范围。材料力学实验报告。本书既可作为高等学校的材料力学实验的教材，也可供研究生和有关工程技术人员参考。

与同类教材相比，本书具有如下特色：

1. 注重对学生探索精神、科学思维、实践能力、创新能力培养。对于基本实验，在实验原理的阐述时，着重于实验方案设计的理论依据和基本思路，使学生通过有限的实验项目，能够举一反三，融会贯通，培养解决实际问题的能力。对于实验步骤的叙述，则尽可能详尽具体，具有可操作性，使学生只需老师稍加提示，参考实验教材，就能独立地完成实验。而在综合设计性实验和创新提高型实验，某些实验只提出实验目的，实验方案、实验方法以及具体的实验步骤等要求学生自行拟定，培养学生自主学习、研究性学习的能力。

2. 为了适应新形势下的材料力学实验教学改革，建立以能力培养为主线，分层次、多模块，相互衔接的科学系统的实验教学体系，改变实验教学依附于理论教学的传统观念，实现实验教材与理论教学既有机结合又相对独立。在实验层次上，将实验分为基本实验、综合设计性实验和创新提高型实验三大类，便于因材施教。

3. 充分利用现代信息技术资源，增加了数字资源的二维码链接，读者通过扫描二维码即可观看相关数字资源。

4. 本教材有配套的网络学习资源，具体网址为 https：//moocl. chaoxing. com/course/222440135. html。

本书由王彦生主编和统稿，参加编写人员有王彦生（第一～四章）、赵清（数字资源）、安秋利（第五章，附录）。杜翠、王文胜、韩彦伟也参加了修订工作。

书稿承广东工业大学谢建和教授和南京航空航天大学陈怀海教授审阅，并提出许多精辟、宝贵的修改意见。南京航空航天大学陈怀海教授对综合实验的开发给予热心的帮助和指导。河南科技大学教务处以及力学系领导对本书的出版均给予了许多关怀和帮助，力学系的教师提出许多宝贵意见，在此一并表示衷心感谢。书稿编写中参考了国内外一些优秀教材，在此向这些教材的编著者们表示诚挚感谢。本书由河南科技大学教材出版基金立项资助。

限于编者的水平，教材中难免有疏漏和欠妥之处，恳请广大师生和读者批评指正。

2022 年 8 月

第一版前言

本书为与高等学校本科材料力学课程的教材配套使用的实验教材。近年来，各校的材料力学理论课时普遍减少，而为了提高学生的实验技能和工作实践能力，培养面向21世纪的复合型、应用型人才，全面推进素质教育，材料力学实验课时不但没有减少，反而在逐渐增加。单独设课和成立开放实验室的学校也在逐年增加。为了适应新形势下的材料力学实验课教学，建立以能力培养为主线，分层次、多模块，相互衔接的科学系统的实验教学体系，结合教育部关于建设高等学校实验教学示范中心的指导思想，编写了本教材。

全书共分五章和附录。第一章绪论，简要介绍材料力学实验的意义、任务及实验要求等。第二章基本实验，其目的在于强化学生的力学实验基本功和深化学生对力学课程内容的理解。基本实验包括破坏性实验和主要力学性能测定等；基本实验是本书的重点，对实验的具体要求和操作规程都作了比较详细的叙述，以期加强实验基本知识和技能的培养。第三章综合设计性实验，目的是最大限度地实现实验与理论的结合，在理论的指导下进行实验，在实验的过程中深化理论，包括组合变形实验和复合梁实验等；综合设计性实验只提出实验要求，有的实验适当给予提示，要求学生自己独立设计实验方案和操作步骤，给学生留出充分的思考空间。第四章创新提高型实验，主要目的是架设理论联系实践的桥梁，强调从科研和工程实践中发现和凝练力学问题，独立提出解决方案并付诸实施能力的培养，包括超静定结构、小刚架应力测量实验以及某些工程测试等。第五章介绍常用的实验设备及仪器。附录列举了实验数据的处理、常用材料的主要力学性能参数、材料力学性能测试的相关国家标准以及实验报告等。

根据材料力学实验教学的特点，在每项实验中，对实验目的、实验原理、设计性实验的设计方法、注意事项、实验报告的要求以及思考题，均有较详细的叙述和较严格的要求。通过实验教学来提高学生的动手能力，激发他们的创新思维能力。本书可作为高等学校土建、机械、水利、航空、造船等专业多学时材料力学的实验教材，也可作为材料力学实验单独设课时的教学用书，还可供从事材料强度研究的工程技术人员参考。

本书由王彦生主编和统稿，冯平鸽、郭香平、钟国华参编。书稿承郑州大学孙利民教授审阅，并提出了精辟宝贵的修改意见。西北工业大学范春虎教授和南京航空航天大学王妮教授对综合实验的开发给予热心的帮助和指导。河南科技大学建筑工程学院的领导对本书的出版均给予了关怀和帮助，力学系的教师提出许多宝贵意见，在此一并表示衷心的感谢。书稿编写中参考了目前国内外一些优秀教材，在此向这些教材的编著者们表示诚挚的感谢。本书由河南科技大学教材出版基金资助。

限于编者的水平，教材中难免有疏漏和欠妥之处，恳请广大师生和读者批评指正。

2008 年 5 月

目　　录

第一章 绪 论

第一节 材料力学实验的意义及任务

从力学的发展史看，力学实验是力学科学建立的基础和发展的基本方法。力学的许多重要理论都直接或间接地和力学实验相联系。力学本质上是一门观察和实验的科学。

在 17 世纪以前，无论欧洲还是中国都已有关杠杆平衡、重心、浮力、强度和刚度以及匀速直线运动和匀速圆周运动等一些力学概念的描述。古埃及金字塔、古罗马斗兽场、中国的都江堰及赵州桥等著名建筑也说明古人的力学经验积累已达到相当高的水平，但对为力学理论却是在人们重视和采用力学实验方法之后才逐步形成和建立的。"实验"作为一种科学研究方法最早由达·芬奇（Leonardo di ser Piero da Vinci，1452—1519 年）提出和运用，他因此在自然科学方面作出了巨大的贡献。伽利略（Galileo Galilei，1564—1642 年）发展了达·芬奇的实验研究方法，创立了对物理现象进行实验研究并把实验方法与数学方法、逻辑论证相结合的科学研究方法。正是由于伽利略善于观察和思考，善于设计和运用实验方法，善于总结和分析，才有了比萨斜塔落体实验、小球斜面滚动实验等著名实验，也才有了摆的定律、惯性定律、落体运动定律以及相对性原理等重要理论的提出，从而奠定了经典力学的基础。伽利略在晚年（1638 年）出版的历史巨著《关于两门新科学的谈话和数学证明》中，除了动力学外，还有不少关于材料力学的内容。他讨论的第一个问题是直杆轴向拉伸问题，得到承载能力与横截面面积成正比，而与长度无关的正确结论；他讨论的第二个问题是关于梁的弯曲实验和理论分析，正确地断定了梁的抗弯能力和几何尺寸的力学相似关系。他还注意到空心梁"能大大提高强度而无需增加重量"。因此，该书不仅是动力学的第一部著作，还被看作材料力学开始成为一门独立学科的标志。

材料力学是一门研究构件承载能力的科学，而材料力学实验是材料力学教学的一个重要的实践性环节。因为我们在对构件的承载力、刚度和稳定性进行理论分析时，往往是首先根据实验所观察的现象，提出相应的假设，然后再利用有关的力学和数学知识推证出结论，这些结论的正确性如何还必须通过实验来验证。还有我们在解决工程设计中的强度、刚度等问题时，首先要知道反映材料力学性能的参数，而这些参数也必须靠材料实验来测定。此外，对工程中一些受力和几何形状比较复杂的构件，难以用理论分析解决时，更需要用实验方法寻求解答。因此，实验不仅是理论的基础，同时又促进了材料力学理论的发展，是科技工作者必须掌握的一个重要手段。学生通过实验这一教学环节，培养了动手操作和用所学知识解决实际问题的能力，特别是通过全方位的开放实验教学模式，培养他们的创新意识和主动获取知识的能力。材料力学实验主要包括以下内容。

一、材料的力学性能测定

材料力学性能又称机械性能，是指材料在力或能量的作用下所表现的行为。构件在工作中要传递力或能量，在拉、压、弯、剪、扭、冲击、疲劳等各种负荷条件下，常常由于过量变形、尺寸改变、表面损伤或断裂而失效。为避免各种失效现象的发生，必须通过实验测定材料在不同负荷条件下的力学性能，并规定具体的力学性能指标，以便为构件的选材和预防失效提供可靠的依据。材料的主要力学性能指标有屈服强度、抗拉强度、弹性模量、断后伸长率、断面收缩率、冲击韧性、疲劳极限、断裂韧性和裂纹扩展特性等。随着科学技术的进展，各种新型合金材料、复合材料不断出现，研究每一种新型材料首要的任务也是力学性能的测定。

二、验证已建立的理论

在理论分析中，将工程实际问题抽象为理想模型，并作出某些科学假设，使问题得以简化，从而推出一般性结论和公式，这是理论研究中常用的方法。但是这些假设和结论是否正确，理论公式能否应用于实际之中，必须通过实验来验证。例如梁的弯曲理论就是以平面假设为基础的。用实验验证这些理论的正确性和适用范围，可加深对理论的认识和理解。对力学中新建立的理论和公式，必须要用实验来验证。

三、应力分析的电测法

工程实际中，常常会遇到一些构件的形状和荷载十分复杂的情况（如高层建筑物、机车车辆结构等）。关于它们的强度问题，仅依靠理论计算，不易得到满意的结果。因此，近几十年来发展了实验应力分析的方法，即用实验方法解决应力分析的问题。其内容主要包括电测法、光测法等，目前已成为解决工程实际问题的有力工具。

电阻应变测量是工程中广泛使用的方法之一，可以测量材料常数，可以验证理论，特别对形状不规则、受力复杂没有理论解的构件，可用此方法来测定其应变、应力值。用电测法可开发许多设计性实验、综合性实验，为学生创造性学习提供广阔空间。

随着我国现代化建设事业的发展，新的材料不断涌现，新型结构层出不穷，给强度问题和实验应力分析提出了许多新课题。因此，材料力学实验的内容越来越丰富，实验技术也将变得更为多样并得以提高。作为一名工程技术人员，只有扎实地掌握实验的基础知识和技能，才能较快地接受新的知识内容，赶上科技发展步伐。

第二节　学生实验守则

材料力学实验是材料力学课程教学中一个非常重要的实践性教学环节。为保证实验教学质量，培养学生的科学实验能力和团结协作精神，养成文明实验的作风和严谨的治学态度，特制定本守则，要求学生必须做到：

一、在实验课前，按照实验内容，充分预习本实验的目的、要求，初步了解有关试验机、仪器、仪表的使用方法和操作规程，根据实验内容写出本次实验的预习报告，重点论述实验原理和实验方案，清楚本次实验需记录的数据项目及数据处理方法，事先画好记录表格，上课时，由实验指导教师检查预习情况，对没有预习的学生，指导教师有权停止本次实验，待预习后另约时间进行实验。

二、学生必须按约定的实验时间进入实验室，不得无故旷课。严格遵守实验课纪律和实验室的一切规章制度，在整个实验中严肃认真、安静有序。

三、以小组为单位，在实验老师的指导下进行实验。实验小组长负责保管所有用具，组织分工，按实验步骤和操作规程进行实验。小组成员要有分工，并要互相配合，认真地进行实验，不得独自的无目的地随意动作，确保实验正常进行。

四、在做实验时，应严格遵守操作规程，切实注意实验设备和人身安全；注意实验设备的最大负载和仪器的量程，在没有弄清实验装置的操作要领之前，请不要操作，以免发生意外；若发现实验设备、仪器出现故障或异常现象时，应立即停止操作，关闭电源，并报告指导教师及时处理。

五、实验教学是培养学生动手能力的一个重要环节，因此实验小组成员要分工合作，确保每人都能动手完成所有的实验环节。特别对提高实验内容，真正做到独立设计实验，独立解决实验中出现的问题，锻炼自己用所学知识解决实际问题的能力，提倡对实验内容及实验方法的创新。

六、实验前清点实验所用设备、仪器及有关工具，如发现遗缺，及时向指导教师提出。实验结束时，应立即将实验机复原，把实验用仪器、仪表、工具清理后如数放回原处。及时将原始实验记录数据交实验指导教师审阅，经指导教师审阅合格并签字后，方可离开实验室。

第三节 实 验 程 序

本书列入的实验，其实验条件以常温、静载为主。主要测量作用在试件上的载荷和试件的变形。有的载荷要求较大，由几千牛顿到几百千牛顿，故有的加载设备较大；而变形则很小，绝对变形可以小到千分之一毫米，相对变形（应变）可以小到 $10^{-6} \sim 10^{-5}$，因而变形测量设备必须精密。进行实验，力与变形要同时测量，一般需数人共同完成。这就要求严密地组织协作，形成有机的整体，以便有效地完成实验。

一、实验准备

明确实验目的、原理和步骤以及数据处理方法。实验用的试件（或模型）是实验的对象，要了解它的原材料的质量，加工精度，并细心地测量试件的尺寸。同时要对试件加载量值进行估算并拟出加载方案。此外，应备齐记录表格以供实验时记录数据。

实验小组成员，分工明确，操作互助协调，有统一指挥，不可各行其是。实验时，要有默契或口令，以便互相配合。

对所使用的机器和仪器要进行适当的选择（在教学实验中，实验用的机器和仪器往往是指定的，但对选择工作怎样进行应当有所了解）。选择试验机的根据是：需用力的类型（如使试件拉伸、压缩、弯曲或扭转的力）及需用力的量值。前者由实验目的来决定，后者则主要依据试件（或模型）尺寸来决定。变形仪的选择，应根据试验精度以及梯度等因素决定。此外，使用是否方便、变形仪安装有无困难，也都是选用时应当考虑的问题。准备工作做得越充分，实验会越顺利，实验工作质量也越高。

二、实验操作

开始实验前，要检查试验机测力度盘指针是否对准零点、试件安装是否正确、变形仪是否安装稳妥等。最后请指导教师检查，确认无误后方可开动机器。第一次加载可不做记录（不允许重复加载的实验除外），观察各部分变化是否正常。如果正常，再正式加载并开始记录。记录者及操作者均须严肃认真、一丝不苟地进行工作。实验完毕，要检查数据是否齐全，并注意清理设备，把借用的仪器归还原处。

三、实验报告的一般要求

实验报告是实验的总结，是对所做实验的综合报告。通过实验报告的书写，提高学生的分析总结能力，培养学生准确有效地用文字表达实验结果的能力，因此报告必须由每个学生独立完成。一般实验报告应具有下列基本内容：

(1) 实验名称、实验日期、实验者及同组人姓名。

(2) 实验目的，简要描述实验设计目的。

(3) 实验原理、方法及步骤简述。

(4) 实验所用设备和仪器的名称、型号、精度和量程。

(5) 实验数据及其处理（报告上必须附有原始数据记录），根据数据处理和误差分析的要求给出实验误差，分析产生误差的原因。

(6) 问题讨论：对实验所得结果、实验中观察到的现象、发现的问题，结合基本理论进行分析讨论。

第二章 基 本 实 验

第一节 拉伸与压缩实验

常温、静载下的轴向拉伸与压缩实验是材料力学实验中最基本且应用广泛的实验。通过该实验，可以全面测定材料的力学性能指标。这些指标对材料力学的分析计算及工程设计有极其重要的作用。本实验将选用低碳钢和铸铁作为塑性材料和脆性材料的代表，分别进行拉伸和压缩实验。

不同材料在拉伸和压缩过程中表现出不同的力学性质和现象。低碳钢和铸铁分别是典型的塑性材料和脆性材料。低碳钢材料具有良好的塑性，在拉伸实验中弹性、屈服、强化和颈缩四个阶段尤为明显和清楚。低碳钢材料在压缩实验中的弹性阶段、屈服阶段与拉伸实验基本相同，低碳钢试样最后只能被压扁而不能被压断，无法测定其抗压强度极限 σ_{bc}。因此，一般只对低碳钢材料进行拉伸实验而不进行压缩实验。

铸铁材料受拉时处于脆性状态，其破坏是拉应力拉断。铸铁压缩时有明显的塑性变形，其破坏是由切应力引起的，破坏面是沿 $45°\sim55°$ 的斜面。铸铁材料的抗压强度 σ_{bc} 远远大于抗拉强度 σ_b。通过铸铁压缩试验观察脆性材料的变形过程和破坏方式，并与拉伸结果进行比较，可以分析不同应力状态对材料强度、塑性的影响。

一、实验目的

(1) 观察分析低碳钢的拉伸过程和铸铁的拉伸、压缩过程，比较其力学性能。
(2) 测定低碳钢材料的 σ_s、σ_b、δ、ψ；测定铸铁材料的 σ_b 和 σ_{bc}。
(3) 观察低碳钢拉伸时的屈服现象。
(4) 了解万能材料试验机的结构原理，能正确独立操作使用。

二、实验设备

(1) 电子万能试验机。
(2) 液压摆式万能试验机。
(3) 游标卡尺。

三、拉伸和压缩试样

1. 拉伸试样

由于试样的形状和尺寸对实验结果有一定影响，为便于互相比较，应按统一规定加工成标准试样。图 2-1（a）、（b）分别表示横截面为圆形和矩形的拉伸试样。l_0 是测量试样拉伸前的有效长度，称为原始标距。按现行国家标准《金属材料 拉伸试验 第 1 部分：室温试验方法》GB/T 228.1 的规定，拉伸试样分为比例试样和非比例试样两种。比例试样的标距 l_0 与原始横截面面积 A_0 的关系规定为

$$l_0 = k\sqrt{A_0} \qquad\qquad (2\text{-}1)$$

式中，系数 k 的值取为 5.65 时称为短试样，取为 11.3 时称为长试样。对直径为 d_0 的圆截面短试样，$l_0 = 5.65\sqrt{A_0} = 5d_0$；对长试样，$l_0 = 11.3\sqrt{A_0} = 10d_0$。非比例试样的 l_0 和 A_0 不受上述关系的限制。

试样的表面粗糙度应符合国家标准。在图 2-1 中，尺寸 l 称为试样的平行长度，圆截面试样 l 不小于 $l_0 + d_0$；矩形截面试样 l 不小于 $l_0 + b_0/2$。为保证由平行长度到试样头部的缓和过渡，要有足够大的过渡圆弧半径 R。试样头部的形状和尺寸，与实验机的夹具结构有关，图 2-1 适用于楔形夹具。这时，试样头部长度不应小于楔形夹具长度的 2/3。

2. 压缩试样

压缩试样通常为圆柱形，也分短试样、长试样两种（图 2-2）。试样受压时，两端面与实验机垫板间的摩擦力约束试样的横向变形，影响试样的强度。随着比值 h_0/d_0 的增加，上述摩擦力对试样中部的影响减弱。但比值 h_0/d_0 也不能过大，否则将引起失稳。测定材料抗压强度的短试样，通常规定 $1 \leqslant h_0/d_0 \leqslant 3$。至于长试样，多用于测定钢、铜等材料的弹性常数 E、μ 及比例极限和屈服极限等。

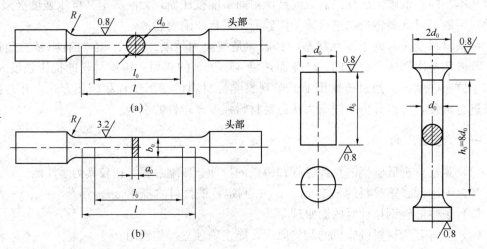

图 2-1　拉伸试样　　　　　图 2-2　压缩试样

码2-1
低碳钢拉伸实验

四、实验原理和方法

1. 低碳钢拉伸实验

低碳钢试样在静拉伸试验中，通常可直接得到拉伸曲线，如图 2-3 所示。用准确的拉伸曲线可直接换算出 σ-ε 曲线。首先将试件安装于试验机的夹头内，之后匀速缓慢加载（加载速度对力学性能是有影响的，速度越快，所测的强度值就越高），试样依次经过弹性、屈服、强化和颈缩四个阶段，其中前三个阶段是均匀变形的。

（1）弹性阶段

弹性阶段是指拉伸图上的 OA' 段，没有任何残留变形。在弹性阶段，载荷与变形是同时存在的，当载荷卸去后变形也就恢复。在弹性阶段，存在一比例极限点 A，对应的应力为比例极限 σ_p，此部分载荷与变形是成比例的，材料的弹性模量 E 应在此范围内测定，具体方法详见有关章节。

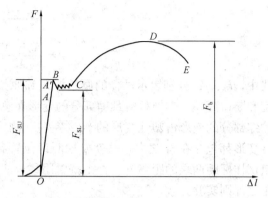

图 2-3　低碳钢试样的拉伸曲线

（2）屈服阶段

屈服阶段对应于拉伸图上的 BC 段。金属材料的屈服是宏观塑性变形开始的一种标志，是金属晶体界面位错滑移和运动的结果，是由切应力引起的，在低碳钢的拉伸曲线上，当载荷增加到一定数值时出现了锯齿现象。这种载荷在一定范围内波动而试样还继续变形伸长的现象称为屈服现象。屈服阶段中一个重要的力学性能就是屈服点。低碳钢材料存在上屈服点和下屈服点，如不加说明，一般都是指下屈服点。上屈服点对应拉伸图中的 B 点，记为 F_{SU}，即试样发生屈服而力首次下降前的最大力值。下屈服点记为 F_{SL}，是指不计初始瞬时效应的屈服阶段中的最小力值，注意这里的初始瞬时效应对于液压摆式万能试验机尤其明显，而对于电子万能试验机或液压伺服试验机则不明显。

一般通过指针法或图示法来确定屈服点，具体做法可概括为：当屈服出现一对峰谷时，则对应于谷底点的位置就是屈服点；当屈服阶段出现多个波动峰谷时，则除去第一个谷值后所余最小谷值点就是屈服点。表面磨光的试样屈服时，表面会出现与轴线大致成 45°倾角的滑移线，这是由于材料内部晶格相对滑移形成的。

码2-2
低碳钢拉伸滑移
线形成

（3）强化阶段

强化阶段对应于拉伸图中的 CD 段。变形强化标志着材料抵抗继续变形的能力在增强。这也表明材料要继续变形，就要不断增加载荷。在强化阶段如果卸载，弹性变形会随之消失，塑性变形将会永久保留下来。强化阶段的卸载路径与弹性阶段平行。卸载后重新加载时，加载线仍与弹性阶段平行。重新加载后，材料的比例极限明显提高，而塑性性能会相应下降。这种现象称为形变硬化或冷作硬化。冷作硬化是金属材料的重要性质之一。工程中利用冷作硬化工艺的例子很多，如挤压、冷拔、喷丸等。D 点是拉伸曲线的最高点，载荷为 F_b，对应的应力是材料的强度极限或抗拉极限，记为 σ_b，用式（2-2）计算：

$$\sigma_b = F_b / A_0 \tag{2-2}$$

（4）颈缩阶段

颈缩阶段对应于拉伸图的 DE 段。载荷达到最大值后，塑性变形开始局部进行。这是因为在最大载荷点以后，形变强化跟不上变形的发展，由于材料本身缺陷的存在，于是均匀变形转化为集中变形，形成颈缩。颈缩阶段，承载面积急剧减小，试样承受的载荷也不断下降，直至断裂。断裂后，试样的弹性变形消失，塑性变形则永久保留在破断的试样上。材料的塑性性能通常用试样断后残留的变形来衡量。轴向拉伸的塑性性能通常用伸长率 δ 和断面收缩率 ψ 来表示，计算公式为：

$$\delta = \frac{l_1 - l_0}{l_0} \times 100\% \qquad (2\text{-}3)$$

$$\psi = \frac{A_0 - A_1}{A_0} \times 100\% \qquad (2\text{-}4)$$

式中，l_0、A_0 分别表示试样的原始标距和原始面积；l_1、A_1 分别表示试样标距的断后长度和断口面积。塑性材料颈缩部分的变形在总变形中占很大比例，研究表明，低碳钢试样颈缩部分的变形占塑性变形的 80% 左右。测定断后伸长率时，颈缩部分及其影响区的塑性变形都包含在 l_1 之内，这就要求断口位置到最邻近的标距线大于 $l_0/3$，此时可直接测量试样标距两端的距离 l_1。否则就要用移位法使断口居于标距的中央附近。若断口落在标距之外则实验无效。

（5）断口移位法

对拉断后的低碳钢试件，要测量断裂后的标距 l_1。按现行国家标准《金属材料　拉伸试验　第 1 部分：室温试验方法》GB/T 228.1 中的规定，断口应处在标距中间的 1/3 长度内，如果断口离标距端点的距离小于或等于 $l_0/3$ 时，由于试件夹持段较粗而影响颈缩部分的局部伸长，使延伸率 δ 的值偏小，因此必须用下述的"断口移中法"来确定 l_1。

将拉断的试件断口紧密对齐（图 2-4），以断口 O 为起点，在长段上取短段的格数得

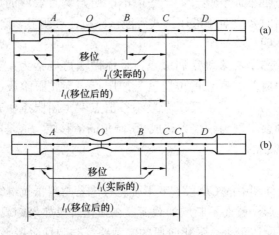

图 2-4　拉断的试件

B 点，再取等于长段所余格数「偶数，如图 2-4（a）所示」的一半，得 C 点；或者取所余格数「奇数，如图 2-4（b）所示」分别减 1 与加 1 的一半，得 C 和 C_1 点。移中后的长度分别为：

$$l_1 = AB + 2BC$$

或者　　$l_1 = AB + BC + BC_1$

2. 铸铁拉伸实验

铸铁这类脆性材料拉伸时的载荷-变形曲线如图 2-5 所示。它不像低碳钢拉伸那样明显可分为线性、屈服、颈缩、断裂四个阶段，而是一根非常接近直线状的曲线，并没有下降段。

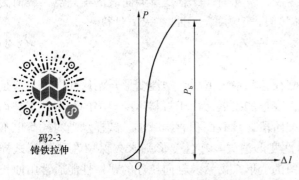

码2-3
铸铁拉伸

图 2-5　铸铁拉伸载荷-变形曲线

铸铁试样是在非常微小的变形情况下突然断裂的，断裂后几乎测不到残余变形。注意到这些特点，可知灰铸铁不仅不具有 σ_s，而且测定它的 δ 和 ψ 也没有实际意义。这样，对灰铸铁只需测定它的强度极限 σ_b 就可以了。

测定 σ_b 时可取制备好的试样，只测出其截面积 A_0，然后装在试验机上逐渐缓慢加载直到试样断裂，记下最后载荷 P_b，据此即可算得强度极限 σ_b，即

$$\sigma_b = P_b / A_0 \tag{2-5}$$

3. 压缩实验

为了保证试样中心受压，试样两端面必须平行及光滑，并且与试样轴线垂直。实验时必须要加球形承垫，如图 2-6 所示，它可位于试样上端，也可以位于下端。球形承垫的作用是，当试样两端稍不平行，它可起调节作用。低碳钢试样压缩时同样存在弹性极限、比例极限、屈服极限，而且数值和拉伸所得的相应数值差不多，但是在屈服时却不像拉伸那样明显。开始屈服后，试样塑性变形就有较大增长，试样

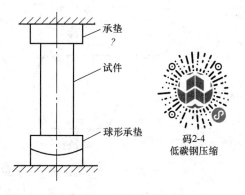

图 2-6　球形承垫图

码2-4
低碳钢压缩

截面面积随之增大。由于截面面积增大，要维持屈服时的应力，载荷也就要相应增大。因此，在整个屈服阶段，载荷也是上升的，在测力盘上看不到指针倒退现象，这样，判定压缩时的 P_s 要特别小心地注意观察。

在缓慢均匀加载下，测力指针是等速转动的，当材料发生屈服时，测力指针的转动将出现减慢，这时所对应的载荷即为屈服载荷 P_s。由于指针转动速度的减慢不十分明显，故还要结合自动绘图装置上绘出的压缩曲线中的拐点来判断和确定 P_s。

低碳钢的压缩图（即 $P\text{-}\Delta l$ 曲线）如图 2-7 所示，超过屈服之后，低碳钢试样由原来的圆柱形逐渐被压成鼓形，如图 2-9 所示。继续不断加压，试样将越压越扁，但总不破坏。所以，低碳钢不具有抗压强度极限（也可将它的抗压强度极限理解为无限大），低碳钢的压缩曲线也可证实这一点。

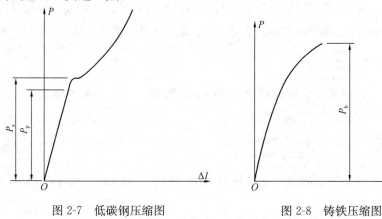

图 2-7　低碳钢压缩图　　　　　图 2-8　铸铁压缩图

灰铸铁在拉伸时是属于塑性很差的一种脆性材料，但在受压时，试件在达到最大载荷 P_b 前将会产生较大的塑性变形，最后被压成鼓形而断裂。铸铁的压缩图（$P\text{-}\Delta l$ 曲线）如

图 2-8 所示，灰铸铁试样的断裂有两个特点：一是断口为略大于 45° 的斜断口，如图2-10所示；二是按 P_b/A_0 求得的 σ_b 远比拉伸时高，大致是拉伸时的 3～4 倍。为什么灰铸铁这种脆性材料的抗拉与抗压能力相差这么大呢？这主要与材料本身情况（内因）和受力状态（外因）有关。铸铁压缩时沿斜截面断裂，其主要是由剪应力引起的。测量铸铁受压试样斜断口倾角 α，可发现它略大于 45° 而不是最大剪应力所在截面，这是试样两端存在摩擦力造成的。

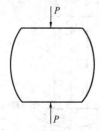
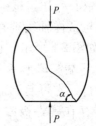

图 2-9　压缩时低碳钢变形示意图　　　　图 2-10　压缩时铸铁破坏断口

五、实验步骤

（1）试件准备：在低碳钢试件上划出长度为 l_0 的标距线，并把 l_0 分成 n 等份（一般为 10 等份），对于拉伸试件，在标距的两端及中部 3 个位置上，沿两个相互垂直方向测量直径，以其平均值计算各横截面面积，再取三者中的最小值为试件的 A_0。对于压缩试件，以试件中间截面相互垂直方向直径的平均值计算 A_0。

（2）试验机准备：对于液压试验机，根据试件的材料和尺寸选择合适的示力度盘和相应的摆锤。对于电子拉力试验机，要选择合适的量程和加载速度。

（3）安装试件：按第五章第一节、第二节中的操作步骤进行操作。

（4）正式实验：控制液压机的进油阀或电子拉力试验机的升降开关缓慢加载。实验过程中，注意记录 F_s 值。进入屈服阶段后，打开峰值保持开关，以便自动记录 F_b 值。

（5）关机、取试样：试件破坏后，立即关机。取下试件，量取有关尺寸。观察断口形貌。

六、实验结果处理

以表格的形式处理实验结果。根据记录的原始数据，计算出低碳钢的 σ_s、σ_b、δ 和 ψ，铸铁的抗拉强度 σ_b 和抗压强度 σ_{bc}。

七、思考题

（1）本次实验自动绘制的低碳钢拉伸曲线中，横坐标量 Δl 与试样标距内的变形量是否一致，为什么？

（2）什么情况下采用断口移位法？如何进行断口移位？

（3）什么是比例试样？一根 8mm×8mm 的板状试样，其标距应是多长？

（4）材料和面积相同而标距长短不同的两根比例试样，其断后伸长率 δ_5 和 δ_{10} 是否相同？

（5）实验时如何观察低碳钢的屈服点？测定 σ_s 时为何要对加载速度提出要求？初始瞬时效应在电子万能试验机上和液压摆式万能试验机上的反映程度如何，为什么？

（6）比较低碳钢拉伸、铸铁拉伸和压缩的断口，分析其破坏的力学原因。

第二节 扭 转 实 验

工程实际中有很多构件，如各类电动机轴、传动轴、钻杆等都承受扭转的作用，发生扭转变形。材料在扭转变形下的力学性能，如扭转屈服点 τ_s、抗扭强度 τ_b、剪变模量 G 等，是进行扭转强度计算和刚度计算的依据。此外，由扭转变形得到的纯剪切应力状态，是拉伸以外的又一重要应力状态，对研究材料的强度具有重要意义。本节将介绍 τ_s、τ_b 的测定方法及扭转破坏的规律和特征。

一、实验目的

（1）掌握实验数据的获得及处理，对低碳钢和铸铁扭转破坏时的断面形状有所了解。

（2）测定低碳钢扭转时的屈服点 τ_s 和抗扭强度 τ_b，测定铸铁扭转时的抗扭强度 τ_b。

（3）了解扭转试验机的结构和原理，掌握操作方法。

二、实验设备

（1）扭转试验机。

（2）游标卡尺。

三、试件

扭转试样一般为圆截面（图 2-11），l_0 为标距，l 为平行长度。一般使用圆形试件，$d_0 = 10\text{mm}$，标距 $l_0 = 50\text{mm}$ 或 100mm，平行长度 l 为 70mm 或 120mm。其他直径的试样，其平行长度为标距长度加上 2 倍直径。为防止打滑，扭转试样的夹持段宜为类矩形。取试件的两端和中间 3 个截面，每个截面在相互垂直的方向各量取 1 次直径，取 2 个截面平均直径的算术平均值来计算极惯性矩 I_p，取 3 个截面中最小平均直径来计算抗扭截面模量 W_t。在低碳钢试样表面上画 2 条纵向线和 2 圈圆周线，以便观察扭转变形。

图 2-11 扭转试样

四、实验原理和方法

1. 测定低碳钢的剪切屈服极限 τ_s 和剪切强度极限 τ_b

安装好试件后进行加载。在加载过程中，从扭转试验机上可以直接读

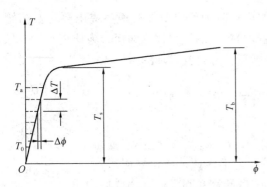

图 2-12 低碳钢的 T-ϕ 关系图

出扭矩 T 和扭转角 ϕ，同时试验机也自动绘出了 T-ϕ 曲线，如图 2-12 所示，一般 ϕ 是试验机两夹头之间的相对扭转角。在比例极限内，T 与 ϕ 呈线性关系。横截面上切应力沿半径线性分布，如图 2-13（a）所示。扭转曲线表现为弹性、屈服和强化三个阶段，与低碳钢的拉伸曲线不尽相同，它的屈服过程是由表面逐渐向圆心扩展，形成环形塑性区。随着 T 的增大，横截面边缘处的切应力首先到达剪切屈服极限 τ_s，而且塑性区逐渐向圆心扩展，形成环形塑性区（图 2-13b）。但中心部分仍然是弹性的，所以 T 仍可增加，T 与 ϕ 的关系为曲线。直到整个截面几乎都是塑性区（图 2-13c），在 T-ϕ 曲线上出现屈服平台（图 2-12），示力度盘的指针基本不动或轻微摆动，相应的扭矩为 T_s。如认为这时整个圆截面皆为塑性区，由静力平衡条件，可求得 τ_s 与 T_s 的关系为：

$$T_s = \int_A \rho \tau_s \mathrm{d}A$$

将式中 $\mathrm{d}A$ 用环状面积元素 $2\pi\rho\mathrm{d}\rho$ 表示，则有：

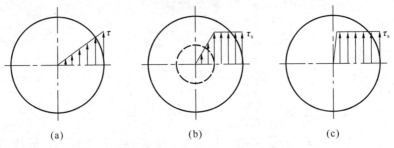

(a)　　　　　　　(b)　　　　　　　(c)

图 2-13　横截面上切应力分布

$$T_s = 2\pi\tau_s \int_o^{d/2} \rho^2 \mathrm{d}\rho = \frac{4}{3}\tau_s W_t \tag{2-6}$$

故剪切屈服极限为：

$$T_s = \frac{4}{3}W_t\tau_s \text{ 或 } \tau_s = \frac{3}{4}\frac{T_s}{W_t} \tag{2-7}$$

式中，$W_t = \dfrac{\pi d^3}{16}$，为抗扭截面系数。

经过屈服阶段后，材料的强化使扭矩又有缓慢上升，但变形非常显著，试样的纵向画线变成螺旋线。直至扭矩到达极限值 T_b，试样被扭断。与 T_b 相应的剪切强度极限 τ_b 仍由式（2-7）计算，即

$$\tau_b = \frac{3}{4}\frac{T_b}{W_t} \tag{2-8}$$

码2-9
铸铁扭转破坏

2. 铸铁剪切强度极限 τ_b 的测定

铸铁试样受扭时，变形很小即突然断裂。其 T-ϕ 图接近直线，如图 2-14所示。如把它作为直线，τ_b 可按线弹性公式计算，即

$$\tau_{b} = \frac{T_{b}}{W_{t}} \tag{2-9}$$

圆形试件受扭时，横截面上的应力应变分布如图 2-13（a）所示。在试样表面任一点，横截面上有最大切应力 τ，在与轴线成 $\pm 45°$ 的截面上存在主应力 $\sigma_1 = \tau$，$\sigma_3 = -\tau$（图 2-15）。低碳钢的抗剪能力弱于抗拉能力，试样沿横截面被剪断。铸铁的抗拉能力弱于抗剪能力，试样沿与 σ_1 正交的方向被拉断。如图 2-16 所示为低碳钢和铸铁试件扭转破坏断面。

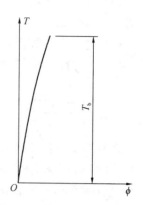

图 2-14　铸铁的 T-ϕ 关系图

五、实验步骤

（1）测定试件直径：选择试件标距两端及中间 3 个截面，每个截面在相互垂直方向各测一次直径后取平均值，用 3 处截面中平均值最小的直径计算 W_t。

（2）试验机准备：根据试件的材料和尺寸选择度盘，调整画图系统，调节试验机零点。

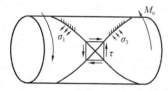

图 2-15　试件扭转破坏断面应力

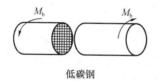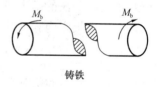

低碳钢　　　　　　铸铁

图 2-16　试件扭转破坏断面

（3）安装试件：先将试件的一端安装于试验机的固定夹头上，检查试验机的零点，调整试验机活动夹头并夹紧试件的另一端。沿试件表面画一母线以定性观察变形现象。

（4）调试：扭转角度盘调零。

（5）开机实验：为了方便观察和记录数据，对于铸铁试件和屈服前的低碳钢试件，用慢速加载。屈服后的低碳钢试件可用快速加载。加载要求为匀速缓慢。试验过程中要及时记录屈服扭矩 T_s 和最大扭矩 T_b。

（6）关机取试件：试样断裂后立即停机，取下试件，认真观察分析断口形貌和塑性变形能力。取下所画的 T-ϕ 曲线。

（7）结束实验：试验机复原，关闭电源，清洁现场。

六、实验结果处理

以表格的形式处理实验结果（表格形式见本书附录）。根据记录的原始数据，计算出低碳钢的屈服点 τ_s、抗扭强度 τ_b、铸铁的抗扭强度 τ_b。画出两种材料的扭转破坏断口形貌草图，并分析其产生的原因。

七、思考题

（1）低碳钢拉伸和扭转的断裂方式是否一样？破坏原因是否一样？

（2）铸铁在压缩破坏实验和扭转破坏实验中，断口外缘与轴线夹角是否相同？破坏原因是否相同?

(3) 如果用木头或竹材制成纤维与轴线平行的圆截面试件,受扭时它们将以怎样的方式破坏,为什么?

(4) 理论上计算低碳钢的屈服点和抗扭强度时,为什么公式中有 3/4 的系数?

(5) 总结低碳钢拉伸曲线与扭转曲线的相似处和不同点。

第三节 材料弹性模量 E 和泊松比 μ 的测定

在解决工程构件的强度问题时,需要构件所用材料的弹性常数——弹性模量 E 和泊松比 μ,因此,测定材料的弹性常数是工程中经常遇到的问题。弹性模量 E 和泊松比 μ 是各种材料的基本力学参数,测试方法也很多,如杠杆引伸仪法、千分表法、电测法、绘图法、自动检测法等。本节介绍电测法。

一、实验目的

(1) 用应变电测法测定铝合金材料的弹性模量 E 和泊松比 μ。

(2) 了解电测法的基本原理。

(3) 在比例极限内验证胡克定律 $\sigma = E\varepsilon$。

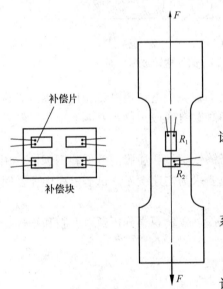

图 2-17 试样与补偿块

二、实验设备、仪器和试样

(1) 无级机械加载装置。

(2) 数字式静态电阻应变仪。

(3) 游标卡尺。

(4) 贴有轴向和横向电阻应变片的铝合金板状试样,贴有温度补偿片的补偿块(图 2-17)。

三、实验原理和方法

材料在比例极限范围内,应力和应变呈线性关系,即

$$\sigma = E\varepsilon$$

比例系数 E 称为材料的弹性模量,可由式 (2-10) 计算:

$$E = \frac{\sigma}{\varepsilon} \tag{2-10}$$

设试件的初始横截面面积 A_0,在轴向拉力 F 作用下,横截面上的正应力为:

$$\sigma = \frac{F}{A_0}$$

把上式代入式 (2-10) 中可得:

$$E = \frac{F}{A_0 \varepsilon} \tag{2-11}$$

只要测得试件所受的载荷 F 和与之对应的应变 ε,就可由式 (2-11) 算出弹性模量 E。

本实验采用等增量加载法测定弹性模量 E，计算公式为：

$$E = \frac{\Delta F}{A_0 \Delta \varepsilon_{均}}$$ (2-12)

式中，ΔF 为载荷增量；$\Delta \varepsilon_{均}$ 为轴向应变增量的平均值。受拉试件轴向伸长，必然引起横向收缩。设横向应变增量的平均值为 $\Delta \varepsilon'_{均}$，就可由定义算出泊松比 μ。

$$\mu = \left| \frac{\Delta \varepsilon'_{均}}{\Delta \varepsilon_{均}} \right|$$ (2-13)

轴向应变 ε 和横向应变 ε' 的测试方法如图 2-18 所示。在铝合金板状试件中部前后两面沿试件轴线方向贴应变片 R_1 和 R'_1，沿试件横向贴应变片 R_2 和 R'_2，补偿块上贴有 4 枚规格相同的温度补偿片。为了消除试件初曲率和加载可能存在偏心引起的弯曲影响，采用全桥接线法。图 2-18（a）、（b）分别是测量轴向应变 ε 和横向应变 ε' 的测量电桥。根据应变电测基础（见第四章第一节），试件的轴向应变和横向应变是每台应变仪读数应变值的一半，即

$$\varepsilon = \frac{1}{2}\varepsilon_r, \quad \varepsilon' = \frac{1}{2}\varepsilon'_r$$

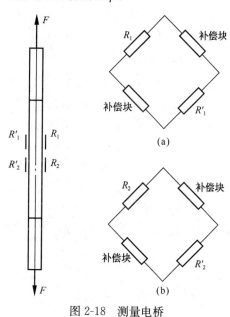

图 2-18　测量电桥

实验时，为了验证胡克定律，采用等量逐级加载法，分别测量在相同载荷增量 ΔF 作用下的轴向应变增量 $\Delta \varepsilon$ 和横向应变增量 $\Delta \varepsilon'$。若各级应变增量大致相同，这就验证了胡克定律。

四、实验步骤

（1）测量试件：在试件工作段的上、中、下三个部分测量横截面面积，取它们的平均值作为试样的初始横截面面积 A_0。

（2）将试件上电阻应变片的引出线按全桥接线法接好连线。

（3）打开试验装置电源开关，加初荷载 0.5kN。

（4）校对电阻应变仪上的灵敏度系数，将应变仪上连接好的全桥测量通道置零。

（5）缓慢逐级加载，$\Delta F = 1.0$kN，共加载 4 次，$F_{max} = 4.5$kN，每增加一级载荷，记录一次纵、横应变片相应的读数应变，并将数据填入试验报告记录表中。

（6）实验完毕后，一定要将载荷卸掉。

（7）根据记录绘制出 σ-ε 图，验证胡克定律，计算弹性模量 E。

五、实验结果处理

（1）将施加的初始载荷、载荷增量及测量应变填入实验报告。

（2）计算轴线方向和横向应变增量。

（3）由式（2-12）和式（2-13）分别计算弹性模量 E 和泊松比 μ。

六、注意事项

（1）试件切勿超载。

（2）不要用力拉扯导线，保护好应变片。

七、思考题

（1）还有哪些组桥方式测定轴向应变 ε？试画出桥路图。

（2）拉伸破坏实验中，为什么取三个不同截面面积的最小值作为试件的横截面面积，而测定弹性模量时，则取三个不同截面面积的平均值？

（3）加载时为什么要加初载荷？采用等量逐级加载的目的是什么？

（4）试件的截面形状和尺寸对测定弹性模量有无影响？

第四节　材料剪变模量 G 的测定

材料的剪变模量 G 是反映材料剪切性能的重要指标，它和弹性模量 E、泊松比 μ 共同构成弹性力学的 3 个基本常数。本节将介绍材料剪变模量 G 的百分表测试方法。

一、实验目的

测定低碳钢的剪变模量 G。

二、实验设备和仪器

（1）测剪变模量 G 的实验装置（图 2-19）。

（2）百分表。

（3）游标卡尺。

三、实验原理和方法

由材料力学知，在剪切比例极限内，圆轴扭转角的计算公式为：

$$\varphi = \frac{Tl}{GI_p} \qquad (2\text{-}14)$$

式中，T 为扭矩；I_p 为圆截面的极惯性矩；l 为标距长度。

由上式可得：

$$G = \frac{Tl}{\varphi I_p} \qquad (2\text{-}15)$$

图 2-19　测剪变模量 G 的实验装置

如图 2-19 所示装置，圆截面试件一端固定，另一端可绕其轴线自由转动。转角仪固定在标距为 l 的 A、B 两个截面上。当砝码盘上施加重量为 F 的砝码时，圆轴横截面便产生 $T=FL$ 的扭矩，其中 L 为加载力臂。固定在 A 截面上的刚性臂由初始位置 OA 转到 OA_1 位置，固定在 B 截面上的刚性臂由 OB 转到 OB_1 位置。从图 2-20 可以看出，A、B 两截面间的相对扭转角，在小变形条件下，等于两个刚性测量臂端头间的相对位移 Δ（此值可以从百分表上读出），相对位移 Δ 除以百分表表杆到试件轴线间的距离 R，得 φ，即：

$$\varphi = \frac{\Delta}{R} \tag{2-16}$$

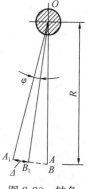

图 2-20　转角测量图

实验时，采用等量逐级加载法，测出与每级载荷相对应的扭转角 φ_i。由式（2-15）算出 G_i。再按算术平均值作为材料的剪变模量 G，即：

$$G = \frac{1}{n} \sum_{i=1}^{n} G_i \tag{2-17}$$

式中，n 为加载级数。

这种数据处理方法，实质上是端直法（见附录Ⅱ）。当两个物理量（此处是 T 与 φ）的线性关系很好时，用端直法比最小二乘法简便，而结果相差无几。圆轴试件的参考尺寸见表 2-1。

试件的尺寸参数表　　　　　　　　　　　表 2-1

l（mm）	L（mm）	R（mm）	外径 D（mm）	内径 d_1（mm）	实心直径 d（mm）
100	250	109	20	12.5	10

四、实验步骤

（1）测量试件直径 d，百分表触头到试件轴线间距离 R 以及力臂长度 L。

（2）用手轻轻敲击砝码盘，检查转角仪及百分表是否正常工作。将百分表调节至零点。

（3）用砝码逐级加载。对应着每级载荷 F_i，记录相应的百分表读数 r_i。r_{i+1} 与 r_i 之差为 Δ_i。由式（2-16）得到 φ_i。重复实验两次。

（4）代入相应的公式计算 G_i。

五、注意事项

（1）砝码要轻拿轻放，不要冲击加载。不要在加力臂或砝码盘上用手施加过大外力。

（2）不要拆卸或转动百分表，保证表杆与刚性臂间稳定、良好的接触。

（3）注意保护贴在试件上的电阻应变片和导线。

六、思考题

（1）利用该装置测定 A、B 两个截面间的相对扭转角时，为什么要有小变形的限制？

（2）对于本实验所采用的试件，初载荷、终载荷多大合适？实验分几级加载比较合适？

第五节　弯曲正应力实验

梁是工程中常用的重要构件。在结构设计和强度计算中经常要涉及梁的弯曲正应力计算。而梁的弯曲正应力的理论计算公式是根据纯弯曲梁横截面变形保持平面的假设推导出

码2-10
纯弯曲

码2-11
纯弯曲变形特点

来的，它的正确性以及能否推广到横力弯曲梁，可以通过本实验提供的简便方法验证。本节仅就材料力学中研究的弯曲应力、弯曲变形等基本内容进行实验。

一、实验目的

（1）用电测法测定矩形截面梁在纯弯曲段的正应力大小及分布，以验证弯曲正应力公式。

（2）初步掌握电测法原理和电阻应变仪的使用方法。

二、实验装置和仪器

（1）WQ-5 弯曲梁实验装置，其结构简图见图 2-21。

（2）静态电阻应变仪。

（3）贴有应变片的矩形截面梁和温度补偿片。

三、实验原理和方法

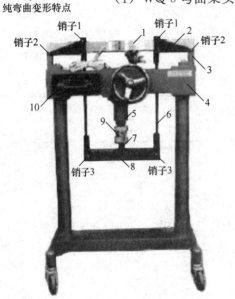

图 2-21　WQ-5 弯曲梁实验装置

弯曲梁实验装置见图 2-21，它由弯曲梁 1（其长度为 L）、定位板 2、支座 3、试验机架 4、加载系统 5、两端带万向接头的加载杆 6、加载压头（包括钢珠）7、加载横梁 8、载荷传感器 9 和测力仪 10 等组成。实验时，通过旋转手轮，带动涡轮丝杆运动而改变纯弯曲梁上的受力大小。该装置的加载系统可对纯弯曲梁连续加、卸载，纯弯曲梁上受力的大小通过拉压传感器由测力仪直接显示。当增加载荷 ΔP 时，通过两根加载杆 6，使得距梁两端支座各为 c 处分别增加作用力 $\Delta P/2$，如图 2-22 所示。梁弯曲时近似为单向应力状态，即梁的纵向纤维间无挤压的假设成立。本实验采用等增量加载的方法测量应力的实验值及计算理论值，计算时均应以弯矩增量及应变增量的平均值代入计算。梁的尺寸、材料弹性模量 E、贴片位置、应变片灵敏系数 K 和应变片电阻值 R 见表 2-2。

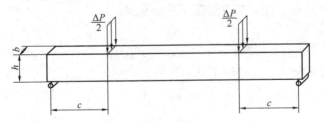

图 2-22　试件简图

试件的尺寸及材料参数表　　　　　　　　　　　　　　　　表 2-2

c（mm）	L（mm）	b（mm）	h（mm）	E（GPa）	K	R（Ω）
150	620	20	40	210	梁上标注	120

旋转手轮，则梁的中间段承受纯弯曲。根据平面假设和纵向纤维间无挤压的假设，可得到纯弯曲正应力计算公式为：

$$\sigma = \frac{M}{I_z}y \tag{2-18}$$

式中 M——纯弯曲段梁截面上的弯矩；

I_z——横截面对中性轴的惯性矩；

y——截面上测点至中性轴的距离。

由上式可知，沿横截面高度正应力按线性规律变化。为了测量梁纯弯曲时横截面上的应力分布规律，在梁的纯弯曲段沿梁的侧面各点沿轴线方向粘贴应变片，其分布如图2-23所示。1号应变片粘贴在中性层上，2号、3号应变片，4号、5号应变片和6号应变片，7号应变片分别粘贴在距离中性层为 $h/4$、$3h/8$ 和上、下表面。另外，8号应变片粘贴在梁的下表面与7号应变片垂直的方向上（在梁的背面相同的位置另有一组1~8号应变片）。采用有温度补偿片的单点测量法，逐点检

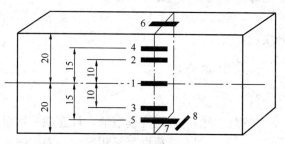

图 2-23 应变片测点布置

测8个测点处的线应变，则由单向应力状态的胡克定律公式，可求出各点处的应力实验值（应变片8号点除外），即

$$\sigma = E\varepsilon \tag{2-19}$$

式中 ε——各测量点的线应变；

E——材料的弹性模量；

σ——相应各测点的正应力。

将应力实验值与应力理论值进行比较，以验证弯曲正应力公式，并可得出测量误差。

若由实验测得的7号和8号应变片的应变 ε_7 和 ε_8 满足

$$\left|\frac{\varepsilon_8}{\varepsilon_7}\right| = \mu \tag{2-20}$$

则证明梁弯曲时近似为单向状态，即梁的纵向纤维间无挤压的假设成立。

四、实验步骤

（1）应变仪参数设定：按电阻应变仪使用方法，根据本次实验所用的电阻应变片规格对所用的电阻应变仪进行测量参数设定。测量参数包括应变片电阻、灵敏系数、应变仪测量桥路（本实验选用半桥接线法接通应变仪）等。

（2）接线：根据本次实验内容，将需要测量的各测量点上引出的电阻应变片导线依次按选定的半桥接线法接至电阻应变仪的各测量桥上。把梁上的工作应变片接在静态电阻应变仪的 A、B 接线柱上。公共温度补偿片接在0通道接线柱 B、C 上。

（3）加载测量：加载采用初始载荷下的等增量法。打开实验装置和仪器的电源开关，转动加载系统给梁加初始载荷 0.5kN。在初始载荷时进行应变仪的平衡操作，以保证零载荷时，各点的应变输出均为零；然后按一定的载荷增量 $\Delta P = 1.0$kN 逐级加载，测量每

级载荷所对应的各测点应变值，直至最大载荷（规定为 4.5kN）为止。

（4）卸载并检查数据：完成载荷从零到最大载荷的若干级加载测量后就卸载至零。然后整理汇总采集的各级载荷所对应的各点应变数值，按要求填入相应的实验报告原始数据表内。因为在弯曲梁的线弹性变形范围内，测量时的载荷增量保持不变，所以各点的应变增量也应基本不变，若应变增量变化较大应查找原因。

（5）重复测量：按上述（3）、（4）两步骤重复测量 2～3 次。重复测量中出现的偏差大小，表明本次测量的可靠程度。当测量点的偏差较大时，需要查找原因后再进行测量。

（6）整理测量数据：按要求把测量的原始数据记录在实验报告的原始数据表上，经指导老师检查并签字后完成测量。

（7）复原：测量完成后，应该按要求将所用实验装置、仪器和工具等整理好，方可离开实验室。

五、数据处理

（1）应变增量计算

根据记录的各点应变读数值，计算载荷增量为 1kN 时的应变增量，各点应有相应的 4 个应变增量。因为载荷增量是相同的，根据胡克定律，理论上同一测点测得的 4 个应变增量也应相同，若同一测点的应变增量比较离散，要查找原因。

（2）各点理论应力计算

根据弯曲正应力公式（2-18）计算各测点在载荷为 1.0kN 时的理论应力值。

（3）各点实测应力计算

根据各点应变增量，计算应变增量的平均值。由胡克定律 $\Delta\sigma = E \cdot \Delta\varepsilon$ 计算该点的应力实测值。

（4）误差计算及分析

计算中性层的应力绝对误差、其他点计算相对误差，并分析误差产生的主要原因。

（5）泊松比

梁下表面编号为"8"的应变增量平均值（横向应变）和编号为"7"的应变增量平均值（纵向应变）的比值为恒负数，取其绝对值作为该材料的泊松比测量值，与实验前查得的低碳钢泊松比的约值作一比较。

六、注意事项

（1）应变测试仪平衡操作时应确认梁上的初始载荷，测力显示读数为"0.5kN"；

（2）加载时应检查加力梁和矩形钢梁的位置，尽量使力中心线通过梁的纵向轴对称平面，以保证矩形梁的中部为纯弯曲变形；

（3）加载时，手轮应平稳转动，不易过快，待测力显示数值基本稳定在指定载荷值时（每分钟变化值小于 20N），停止转动手轮进行应变测量；

（4）加载的最大载荷为 4.5kN，严禁超载，以免损坏测力传感器；

（5）测量时，应保证接线不松动，在一个加载测量循环中不要移动和接触应变片的导线，以保证应变值测量数据稳定可靠；切勿用力拉扯应变片导线；

（6）注意静态应变仪的最小应变读数为"1"，表示 $1\mu\varepsilon$，即应变值为"1×10^{-6}"。所

以在计算实测应变增量时，最小数值也是 $1\mu\varepsilon$。

七、实验预习内容

（1）电测法的基本原理；

（2）WQ-5 弯曲梁实验装置使用说明；

（3）静态应变测试仪使用说明；

（4）根据纯弯曲梁横截面上的正应力理论公式计算各测量点的理论应变数值；

（5）复习泊松比的概念，查出低碳钢泊松比的约值；

（6）明确实验目的，掌握实验原理，熟记实验注意事项；

（7）根据上述预习内容，完成书面预习报告。

八、思考题

（1）分析理论值与实测值存在差异的原因。

（2）实验中采取了什么措施？证明载荷与弯曲正应力之间呈线性关系。

（3）若应变片贴在纯弯曲梁段以外的某个横截面上，测试结果会怎样？

（4）为什么采用初始载荷下的等增量法？

（5）实验时没有考虑梁的自重，是否会引起误差？为什么？

（6）中性层实测应变不为零的原因可能是什么？试用相邻测量点的应变值进行分析。

（7）本实验若把温度补偿片直接贴在钢梁支座的外伸端是否可行？为什么？

第六节　平面应力状态下主应力的测试实验

工程实际中的构件变形很多情况下包括两种或两种以上的基本变形，这就是组合变形。组合变形下的应力状态若非单向应力，简单变形下的强度计算公式不再适合，需要求出主应力后，根据强度理论进行分析。复杂受力状态下，要确定这些构件某点的主应力大小和方向，较为复杂，甚至有些复杂的工程结构尚无准确的理论公式可供计算。本实验用电测法，测定受弯扭组合变形作用的薄壁圆筒表面上一点的主应力大小及方向，并与理论值相比较。这一测试方法对实际构件的强度分析具有重要意义。

一、实验目的

（1）用电阻应变仪测定平面应力状态下一点的主应力大小和方向；

（2）了解平面应力状态下的应变分析理论在实验中的应用；

（3）进一步熟悉电阻应变仪测量桥路和静态多点应变测量方法。

二、实验仪器和设备

（1）WN-05 弯扭组合实验装置。

（2）静态数字电阻应变仪。

三、实验原理

弯扭组合实验装置如图 2-24 所示。它由薄壁圆管 1（已粘好应变片），扇臂 2，钢索 3，传感器 4，加载手轮 5，座体 6，数字测力仪 7 等组成。试验时，逆时针转动加载手轮，传感器受力，将信号传给数字测力仪，此时，数字测力仪显示的数字即为作用在扇臂顶端的载荷值，扇臂顶端作用力传递至薄壁圆管上，薄壁圆管产生弯扭组合变形。

薄壁圆管材料为铝合金，其弹性模量 E 为 70GPa，泊松比 μ 为 0.33。薄壁圆管截面尺寸、受力简图如图 2-25 所示，I-I 截面为被测试截面，由材料力学可知，该截面上的内力有弯矩、剪力和扭矩。取 I-I 截面的 A、B、C、D 四个被测点，其应力状态如图2-26所示。每点处按 $-45°$、$0°$、$+45°$方向粘贴 1 枚三轴 45°应变花，如图 2-27 所示。

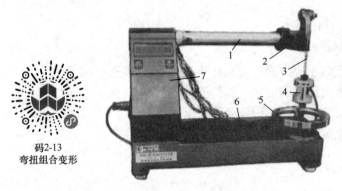

码2-13
弯扭组合变形

图 2-24　弯扭组合实验装置

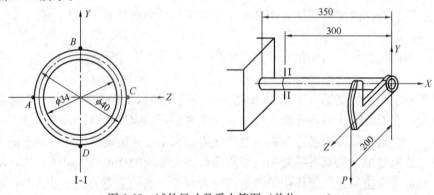

图 2-25　试件尺寸及受力简图（单位：mm）

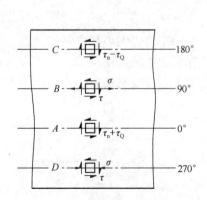

图 2-26　测点的应力状态

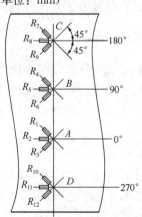

图 2-27　应变片测点布置

四、平面应力状态的应变分析

平面应力状态的主应力-主应变关系由广义胡克定律确定：

码2-14
广义胡克定律

$$\sigma_1 = \frac{E}{1-\mu^2}(\varepsilon_1 + \mu\varepsilon_3) \tag{2-21}$$

$$\sigma_3 = \frac{E}{1-\mu^2}(\varepsilon_3 + \mu\varepsilon_1) \tag{2-22}$$

但在平面应力状态的一般情况下，主应变的方向是未知的，所以无法直接用应变片测量主应变。根据平面应力状态的应变分析理论，在 x-z 直角平面坐标内，一点在与 x 轴呈 α 角（α 逆时针为正）方向的线应变 ε_α 与该点沿 x、z 方向的线应变 ε_x、ε_z 和 x-z 平面的切应变 γ_{xz} 之间有下列关系：

$$\varepsilon_\alpha = \frac{\varepsilon_x + \varepsilon_z}{2} + \frac{\varepsilon_x - \varepsilon_z}{2}\cos2\alpha - \frac{1}{2}\gamma_{xz}\sin2\alpha \tag{2-23}$$

ε_α 随 α 角的变化而改变，在两个相互垂直的主方向上，ε_α 到达极值，即主应变。由上式可得两主应变的大小和方向为：

$$\varepsilon_{1,3} = \frac{\varepsilon_x + \varepsilon_z}{2} \pm \frac{1}{2}\sqrt{(\varepsilon_x - \varepsilon_z)^2 + \gamma_{xz}^2} \tag{2-24}$$

$$\tan2\alpha_0 = -\frac{\gamma_{xz}}{\varepsilon_x - \varepsilon_z} \tag{2-25}$$

由于切应变 γ_{xz} 无法用应变片测得，故可以任意选择三个 α 角，测量三个方向的线应变，分别代入式（2-23）得 3 个独立方程，分别求解出 ε_x、ε_z 和 γ_{xz}，然后把 ε_x、ε_z 和 γ_{xz} 代入式（2-24）和式（2-25），即可求得主应变 ε_1、ε_3 的大小和方向，最后由式（2-21）和式（2-22）求得主应力的大小，主应力的方向和主应变一致。

受弯扭组合变形作用的薄壁圆管其表面各点处于平面应力状态，用应变花测出三个方向的线应变，然后运用应变-应力换算关系求出主应力的大小和方向。由于本实验用的是 45°应变花，若测得应变 $\varepsilon_{-45°}$、$\varepsilon_{0°}$、$\varepsilon_{45°}$，则主应力大小的计算公式为：

$$\begin{matrix}\sigma_1\\\sigma_3\end{matrix} = \frac{E}{1-\mu^2}\left[\frac{1+\mu}{2}(\varepsilon_{-45°} + \varepsilon_{45°}) \pm \frac{1-\mu}{\sqrt{2}}\sqrt{(\varepsilon_{-45°} - \varepsilon_{0°})^2 + (\varepsilon_{0°} - \varepsilon_{45°})^2}\right]$$

主应力方向计算公式为：

$$\tan2\alpha = \frac{\varepsilon_{45°} - \varepsilon_{-45°}}{(\varepsilon_{0°} - \varepsilon_{-45°}) - (\varepsilon_{45°} - \varepsilon_{0°})}$$

式中，$\varepsilon_{-45°}$、$\varepsilon_{0°}$、$\varepsilon_{45°}$ 分别表示与管轴线成 $-45°$、$0°$、$45°$ 三个方向的应变。

五、实验步骤

（1）将传感器与测力仪连接，接通测力仪电源，将测力仪开关打开。

（2）将薄壁圆管上 A、B、C、D 各点的应变片按单臂（多点）半桥测量接线方法接至应变仪测量通道上。

（3）逆时针旋转手轮，预加 50N 初始载荷，将应变仪各测量通道置零。

（4）分级加载，每级 100N，加至 450N，记录各级载荷作用下应变片的读数。

（5）卸去载荷。

（6）计算测点主应力的大小与方向，并和理论值比较，分析误差情况。

六、实验注意事项

（1）弯扭组合装置中，圆管的壁厚很薄。为避免装置受损，应注意不能超载，不能用力扳动圆管的自由端和加力杆。

（2）其他同"弯曲正应力实验"。

七、实验预习内容

（1）薄壁圆筒弯扭组合变形时横截面上危险点的位置及该点的应力状态；

（2）平面应力状态的主应力大小和方向确定；

（3）平面应力状态时通过一点的三个不同方向线应变的测量，确定该点的主应力大小和方向。

八、思考题

（1）本实验中能否用两轴 45°应变花代替三轴 45°应变花来确定主应力的大小和方向？为什么？

（2）用电测法测量主应力时，其应变花是否可以沿测点的任意方向粘贴？为什么？

（3）若将测点选在圆筒的中性轴位置，则其主应力值将发生怎样的变化？这时可以贴什么样的应变片？能测出哪种应力？

第七节 冲 击 实 验

冲击实验是研究材料在冲击载荷作用下力学性能的实验。金属材料在冲击载荷作用下与静载下所表现的力学性能显著不同。冲击载荷是一种加载速度很快的动载荷，载荷与承载构件相接触的瞬时相对速度发生剧烈变化。例如锻锤、冲床工作时有关零件都要承受冲击载荷。材料在冲击载荷作用下，若尚处于弹性阶段，其力学性能与静载荷时基本相同；但若进入塑性阶段，则其力学性能与静载下有明显的差异。例如，即使塑性很好的材料，在冲击载荷作用下，也会呈现脆化倾向，发生突然断裂。

在静荷下表现出良好塑性的材料，在动荷下可以呈现出脆性。因此，承受动荷作用的材料需进行冲击实验，以测定其动荷力学性能。由于冲击问题的机理较为复杂，工程上常用冲击弯曲实验来检查产品质量，揭露在静荷实验时不能揭露的内部缺陷对力学性能的影响，以及用来揭示材料在某些条件下（如低温等）具有脆性倾向的可能性。

冲击实验的分类方法较多，从温度上分有高温、常温、低温三种；从受力形式上分为拉伸冲击、扭转冲击和弯曲冲击等，弯曲冲击较易获得脆断现象，并且方法简单，因此得到广泛应用。根据《金属材料 夏比摆锤冲击试验方法》GB/T 229—2020 的规定，弯曲冲击试件有 U 形缺口和 V 形缺口两种。本书采用 U 形缺口冲击试样。

一、实验目的

（1）观察分析低碳钢和铸铁两种材料在常温冲击下的破坏情况和断口形貌，并进行比较。

(2) 测定低碳钢和铸铁两种材料的冲击韧度 α_k 值。

(3) 了解冲击试验方法及所用设备。

二、实验设备和仪器

(1) 冲击试验机。

(2) 游标卡尺。

三、实验原理和方法

材料抗冲击的能力用冲击韧度来表示。冲击实验的专用设备是冲击试验机，由摆锤、机身、支座、度盘、指针等部分组成（图 2-28）。试验时将带有缺口的受弯试样安放在试验机的支座上，举起摆锤使它自由下落将试样冲断。若摆锤重量为 Q，冲击前摆锤的质心高度为 H_0，冲断试样后摆锤继续上摆到质心高度 H_1，则冲击过程中势能的改变即冲断试样所做的功为：

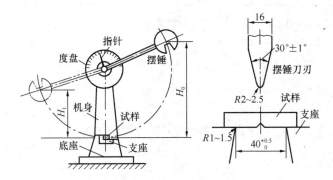

图 2-28　冲击试验机构造图（单位：mm）

$$W = Q\,(H_0 - H_1) \tag{2-26}$$

此即为冲击中试样所吸收的功。

因为试样缺口处高度应力集中，W 的绝大部分被缺口吸收。冲击韧性指带缺口试件断口单位面积所消耗的能量，即

$$\alpha_k = \frac{W}{A} \tag{2-27}$$

式中　W——冲断过程所消耗的冲击能量（J）；

　　　A——实验前试件断口处的最小截面积（mm^2）；

　　　α_k——冲击韧性（J/mm^2）。

冲击韧性是材料的重要机械性质。冲击韧性越高，表示材料抵抗冲击载荷能力越好。此外冲击韧性十分敏感地表现了结晶颗粒大小和内部金相组织在合金内的影响，如回火脆性、时效等，这些因素对机械性能的影响用静力实验不能发现，因而冲击韧性是控制和稳定产品质量的重要指标。

四、试样制备

冲击韧性的数值与试样的尺寸、缺口形状和支承方式有关。为了便于比较，国家标准规定

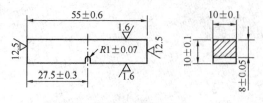

图 2-29 U 形缺口试样（单位：mm）

两种形式的试样：U 形缺口试样（图 2-29）和 V 形缺口试样（图 2-30）。

试样上开缺口是为了使缺口区形成高度应力集中，吸收较多的功。缺口底部越尖锐越能体现这一要求，所以较多地采用 V 形缺口。试样开缺口的目的是为了使试样承受冲击时在缺口附近造成应力集中，使塑性变形局限在缺口附近不大的体积范围内，并保证试样一次就被冲断且使断裂就发生在缺口处。α_k 值对缺口的形状和尺寸十分敏感，缺口越深、越尖锐，α_k 值越低，材料的脆化倾向越严重。因此，同种材料用不同缺口试样测定的 α_k 值不能相互换算和直接比较。对陶瓷、铸铁、工具钢等一类的材料，由于材料很脆，很容易冲断，试样一般不开切口。

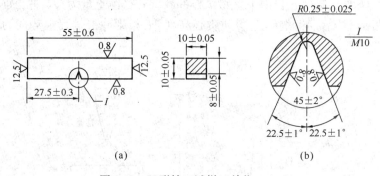

(a)   (b)

图 2-30   V 形缺口试样（单位：mm）

五、实验步骤

（1）测量试样缺口处最小横截面面积，选择试验机摆锤和刻度盘。

（2）不安装试样，将指针调到最大处，控制手柄置于"预备"位置，然后举起摆锤待听到锁住声后，方可慢慢松手。把控制手柄从"预备"位置扳到"冲击"位置进行空打（即试验机不放试样），重复进行以上操作 3 次，记录试验机阻力所消耗能量的平均值。

（3）按图 2-31 安放试样，使缺口处于支座跨度中点，且背对冲击刀刃。

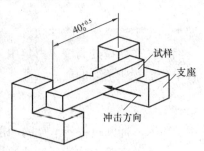

图 2-31   冲击试样安放
方法（单位：mm）

（4）将摆锤举到需要位置，然后操纵控制手柄使其下落冲断试样。刹车停摆，记录指针在度盘上的读数，此读数减去机器阻力读数即为冲断试样所消耗的功。

（5）回收试样，观察断口，清理现场。

六、实验结果处理

（1）计算缺口处的横截面积。

（2）计算试件的吸收能 $W=E_2-E_1$。

（3）利用式（2-27）计算 α_k 值，并对两种材料的结果进行比较。

（4）画出两种材料的破坏断口草图，观察异同。

七、注意事项

（1）冲击实验一定要注意安全！在摆锤举起和下落冲打试样时，人员不得进入摆锤摆动护圈。冲击实验时应注意避免试样碎块伤人。

（2）实验时操作人员不得在摆锤摆动的空间内和试样冲击的方向活动。

（3）在实验过程中自始至终只能由一人操作。切不可一人负责操纵按钮，另一人负责安放试样，因为两者配合不好，极易伤人。

（4）使用冲击试验机时，应注意试样支座、摆锤及插销等零件是否紧固，以免由于这些零件松动而引起试验结果不准或发生意外事故。

（5）扳手柄时，用力适度，切忌过猛。

八、思考题

（1）为什么塑性材料在冲击载荷下表现为脆性断裂？

（2）冲击韧度值 α_k 为什么不能用于定量换算，只能用于相对比较？

（3）冲击试件为什么采用缺口试件？

（4）在实验中，哪些因素会影响冲击吸收功的测定结果？

第八节　压杆稳定实验

工程实际中，构件由于失稳而破坏往往是突然发生的，并且会产生灾难性的后果，因此充分认识构件的失稳现象，测定构件的临界载荷具有十分重要的工程意义。与拉伸情况不同，受压杆件往往在远小于其强度的压应力作用下发生失效或破坏，这就是失稳问题。横截面和材料都相同而长度不同的受压杆件，它们抵抗外力的能力性质会完全不同。短粗的压杆是强度问题，而细长压杆则是稳定问题。细长压杆的承载能力远低于短粗压杆。工程上受压杆的实例很多，压杆稳定性问题是材料力学研究的重要内容之一。

一、实验目的

（1）观察细长中心受压杆件丧失稳定的现象。

（2）测定细长压杆的临界载荷，并与理论值进行比较，验证欧拉公式。增强对压杆承载及失稳的感性认识。

（3）加深对压杆承载特性的认识，理解压杆是实际压杆的一种抽象模型。

二、实验设备、仪器和试件

（1）多功能压杆实验装置。

（2）大量程百分表及表架。

（3）直尺、游标卡尺。

三、实验设备介绍

（1）实验装置

多功能力学实验系统中的压杆试验台，其结构简图如图 2-32 所示，它由底板、顶板和四根立柱构成加力架。在顶板上安装了加力和测力系统，采用螺旋加力方式。拧进加力旋钮，使丝杠顶推压头向下运动，即可对试件加载，测力传感器中的弹性敏感元件位于丝杠和压头的芯轴之间，位移传感器为机电百分表，通过承托卡感知压头的位移。这两种传感器的弹性元件上的电阻应变片均连接成全桥电路，输出的应变信号接入数据采集仪的相应插座，经放大和模数（A/D）转换，在测力仪上直接显示为力值（实验前需做好校准工作）。轴向位移通过百分表测量，旋钮每转一圈，压头下降 1mm，每格刻度 0.01mm。先旋松旋钮，检查测力仪读数是否为零。加力的级别初始要小；待试件明显弯曲后，旋进级别便可大幅放开。

多功能的弹性压杆试件，如图 2-33 所示。其压杆和托梁均由弹簧钢制成，经热处理后具有很高的强度，允许变形量很大，而且经特殊工艺磨制后，初曲率极小，下端用节点卡将试件和托梁正交固接，上端装有接头卡。各种支承条件下压杆的计算长度，请参考图中的有关尺寸（L_i）。

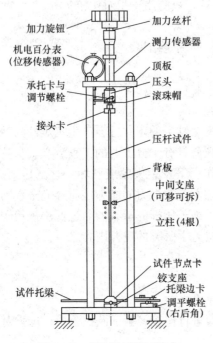

图 2-32　多功能压杆试验台

图 2-33　多功能弹性压杆

试验台配备的支座有：下铰支座二副，中间支座卡一副，上铰支座一个，并配木质仪器箱一个，便于保管。

（2）支承方式

供实验时选择的压杆支承方式如图 2-34 所示。

由图 2-34 可知，上、中、下三类支座的不同组合，构成了各种各样的实验项目以供选择。其中，除了几种典型的约束条件（μ ＝0.5、0.7、1.0 和两端铰支加中点支承）之外，还可做各种弹性支承条件下的定性和定量试验。

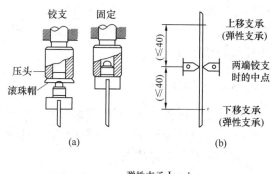

（3）主要技术数据

试验台质量：7.5kg，外形尺寸：200mm× 200mm ×610mm。

最大荷载：3kN，压头的最大行程：16mm。

测力传感器示值误差：$\leq \pm 2\%$；轴向位移测量误差：≤ 0.02。

试件截面尺寸：20mm×2mm。

试件材料为弹簧钢并经热处理，其弹性模量：$E=210\text{GPa}$。

试件初弯曲（δ/L）：$\leq 1/10000$，其中 δ 为自身弯曲的中点挠度。

（4）实验原理和方法

根据欧拉小挠度理论，对于两端铰支的大柔度杆（低碳钢 $\lambda \geq \lambda_p = 100$），压杆保

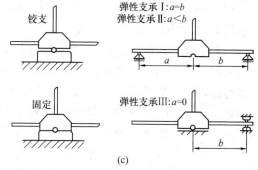

图 2-34 可供选择的支承方式（单位：mm）
(a) 上端支承；(b) 中间支承；(c) 下端支承

持直线平衡最大的载荷，保持曲线平衡最小载荷即为临界载荷 F_{cr}，按照欧拉公式可得：

$$F_{cr}=\frac{\pi^2 EI}{(\mu l)^2} \qquad (2\text{-}28)$$

式中 E——材料的弹性模量；

I——试件截面的最小惯性矩；

l——压杆长度；

μ——与压杆端点支座情况有关的系数，两端铰支杆 $\mu=1$。

当压杆所受的荷载 F 小于试件的临界力 F_{cr}，压杆在理论上应保持直线形状，压杆处于稳定平衡状态。当 $F=F_{cr}$ 时，压杆处于稳定与不稳定平衡之间的临界状态，稍有干扰，压杆即失稳而弯曲，其挠度迅速增加。若以荷载 F 为纵坐标，压杆中点挠度 δ 为横坐标，按欧拉小挠度理论绘出的 F-δ 图形即为折线 OAB，如图 2-35 （b）所示。

对于理想压杆，当压力 F 小于临界力 F_{cr} 时，压杆的直线平衡是稳定的，压力 F 与压杆中点的挠度 δ 的关系如图 2-35 （b）中的直线 OA。当压力达到临界压力 F_{cr} 时，按照小挠度理论，F 与 δ 的关系是图中的水平线 AB。

实际的压杆难免有初曲率，在压力偏心及材料不均匀等因素的影响下，使得 F 远小于 F_{cr} 时，压杆便出现弯曲。但该阶段的挠度 δ 不很明显，且随 F 的增加而缓慢

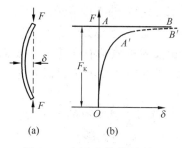

图 2-35 压力与挠度关系图

增长，如图 2-35（b）中的 OA' 所示。当 F 接近 F_{cr} 时，δ 急剧增大，如图中 $A'B'$ 所示，它以直线 AB 为渐近线。因此，根据实际测出的 F-δ 曲线图，由 $A'B'$ 的渐近线即可确定压杆的临界载荷 F_{cr}。

四、实验步骤

（1）测量试件长度 l，横截面尺寸（取试件上、中、下三处的平均值）。

（2）调整底板调平螺栓（右后角），使台体稳定，按图 2-33 安装压杆，调整支座并仔细检查是否符合设定状态。

（3）将力传感器电缆接入仪器的相应输入口，连接电缆和电源线，打开电源开关。实验前仪器已做好力与位移的标定，显示单位为力值（N）和位移值（mm）。

（4）加载分成两个阶段。因达到理论临界载荷 F_{cr}（由式 2-28 算出）的 80% 之前，由载荷控制，每增加一级载荷，读取相应的挠度 δ。超过 F_{cr} 的 80% 以后，改为由变形控制，每增加一定的挠度读取相应的载荷。在位移-荷载读数过程中，如果发现连续增加位移量 2～3 次，荷载值几乎不变，再增加位移量时，荷载值读数下降或上升，说明压杆的临界力已出现，应立即停止加载，卸去载荷。

（5）注意装置上下支座情况，试件左、右对称，勿使试件产生弯曲。重复步骤（4）再次进行实验。观察改变约束对临界载荷及挠曲线形状的影响。

五、注意事项

（1）加载应均匀、缓慢进行。
（2）试件的弯曲变形不要过大。

六、思考题

（1）两端铰支压杆实验，λ 是什么参量？其取决于哪些因素？
（2）两端铰支细长压杆临界压力的理论值与实测值存在多大差异？分析存在差异的原因。

第九节　疲　劳　实　验

随时间作周期性变化的应力，称为交变应力。构件在交变应力作用下，经一定循环次数发生的破坏，称为疲劳破坏。1839 年巴黎大学教授庞赛洛特（Pancelet JU）在讲课中首先使用了金属疲劳的概念。金属材料的疲劳破坏是工业革命所带来的不可避免的产物之一，是各种机械装备和工程构件失效的主要原因，它与磨损、腐蚀一起称为工程材料三种最主要的破坏形式。19 世纪中期，随着铁路运输的发展，断轴的事故常有发生，引起人们对疲劳破坏现象的研究兴趣。当时沃勒（Wohler A）首先在旋转弯曲疲劳试验机上进行开创性的试验研究，提出了应力-寿命图和疲劳极限的概念。

在工程实际中，很多机器零件都是在交变载荷下工作，这些零部件主要的破坏形式是疲劳失效。例如转轴有 50%～90% 都是疲劳破坏。其他如连杆、齿轮的轮点、涡轮机的叶片、轧钢机的机架、曲轴、连接螺栓、弹簧压力容器、焊接结构等机器零部件，疲劳破坏为主要破坏形式。因此抗疲劳设计研究广泛应用于各种专业机械设计中,特别是航空、航天、原子能、汽车、拖拉机、动力机械、化工机械、重型机械等的抗疲劳设计更为重要。

疲劳破坏和静力破坏有本质的不同,疲劳破坏有下述特点:

(1)对应于一定循环次数的疲劳强度,一般比材料的强度极限低,甚至低于屈服强度。

(2)疲劳破坏有一个过程,即在一定的交变应力作用下,构件需经若干次应力循环后突然断裂。

(3)疲劳破坏是突然发生的,无明显塑性变形,呈脆断现象。

疲劳实验,按试件的受力方式可分为弯曲疲劳、轴向疲劳、扭转疲劳和复合疲劳等;按试验环境温度又可分为室温疲劳、高温疲劳和低温疲劳等。目前,最普遍的疲劳实验是室温弯曲疲劳、轴向疲劳实验。

一、实验目的

(1)观察疲劳破坏断口,分析导致疲劳破坏的主要原因。

(2)了解测定疲劳极限 σ_r 和 S-N 曲线的方法。

二、实验设备

(1)疲劳试验机。

(2)游标卡尺。

(3)千分表及表架。

纯弯曲疲劳试验机的构造示意图如图

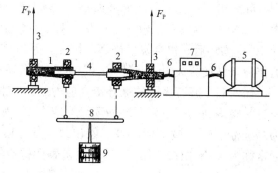

图 2-36　纯弯曲疲劳试验机示意图

1—空心轴;2、3—滚珠轴承;4—试件;5—电动机;
6—软轴;7—转数计;8—横杆;9—砝码

2-36 所示。试件 4 的两端被夹紧在两个空心轴 1 中。这样,两个空心轴与试件构成一个整体,支撑在两个滚珠轴承 3 上。利用电动机 5,通过软轴 6 使这个整体转动。横杆 8 挂在滚珠轴承 2 上,处于静止状态。在横杆中央的砝码盘上放置砝码 9,以使试件中段产生纯弯曲变形(图2-37)。试件转动次数可由转数计 7 读出。

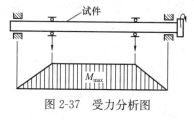

图 2-37　受力分析图

三、疲劳试样

疲劳试样的形状和尺寸取决于试验机的类型和工作实际的需要,加工要求极为严格。试样表面不能有划伤和加工痕迹,表面质量要求非常高,另外切忌用边角料加工试件。一组试件的毛坯取向应该相同。光滑圆柱形试样如图 2-38 所示。

四、实验原理和方法

材料承受交变载荷破坏前所经历的循环次数称其为疲劳寿命 N。施加的应力愈小,疲劳寿命愈长。对于一般碳素钢,如果在某一交变应力水平下经受 10^7 次循环仍未破坏,

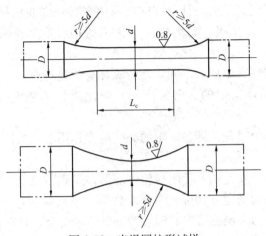

图 2-38　光滑圆柱形试样

则实际上可以承受无限次循环而不发生破坏。因此，通常在试验中以对应 10^7 次循环的最大应力 σ_{max} 作为疲劳极限 σ_r。但是，对于有色金属和某些合金钢却不存在这一性质，在经受 10^7 次循环后，仍会发生破坏。因之，常以破坏循环次数为 10^7 或 10^8 所对应的最大应力值作为条件疲劳极限，此处 10^7 或 10^8 称为循环基数。

任何高于疲劳极限的循环最大应力 σ_{max}，都会对应低于循环基数的某一寿命 N。利用通过实验得到的一系列不同循环最大应力 σ_{max} 和寿命 N 的数据以及疲劳极限数据，以 σ_{max} 为纵坐标，N 为横坐标，可以绘出最大 σ_{max} 与疲劳寿命 N 的关系曲线，即 σ_{max}-N 曲线，通常称为 S-N 曲线。用 S-N 曲线来表征材料的应力疲劳性能。测定 S-N 曲线时，通常至少取 5 级应力水平。单点实验法的实验数据可以绘制 S-N 曲线。升降法的数据可以作为 S-N 曲线的低应力水平点，其他 3～4 级较高应力水平下的实验，用成组实验法。高应力水平间隔可以取得大一些，随着应力水平的降低，间隔越来越小，最高应力水平可以通过预实验确定。一般预试验应力 σ_{max} ＝ $(0.6～0.7)\sigma_b$。成组法中每一组试件数量的分配，取决于实验数据的分散和所要求的置信度，通常 1 组取 5 根试件。图 2-39 表示一般碳素钢的 S-N 曲线形式。

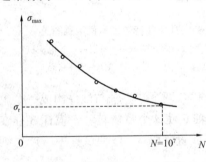

图 2-39　碳素钢的 S-N 曲线

五、实验步骤

（1）试件准备和测量尺寸

1）检查试件表面加工质量，有无缺陷或伤痕。

2）在标距内的三处测量试件直径，取最小值计算面积。

（2）试验机准备

1）开动电动机使其空转，检查电动机运转是否正常。

2）将检验棒装于试验机上，慢慢转动试验机主轴，用百分表沿检验棒的试验部分或沿其自由端测得的径向圆跳动量不大于 0.02mm。

（3）安装试件

1）安装试件时需将主轴套筒垫板塞入加力架与台面之间，使主轴套筒位于水平位置。

2）将加载机构的车轮顺时针转到极点，以卸除荷载。

3）用扳手旋松左右夹爪螺帽，从主轴套筒中取出试件夹爪。

4）将试件插入左夹爪中，一齐装入左主轴筒内（注意夹爪端部键要对准主轴的键槽）。向右移动左轴套筒，使试件伸入右轴套筒的夹爪内。

5）用两只扳手旋紧右轴套筒的夹爪螺帽，然后同样旋紧左轴套筒的夹爪螺帽，使试件夹紧，并使其与试验机主轴保持同轴，当用手慢慢转动试验机主轴时，用百分表在纯弯试验机的主轴上或悬臂式试验机上自由端测得的径向圆跳动量不大于 0.03mm。装试件时切忌接触试件实验部分表面。

（4）进行实验

开启试验机，迅速而平稳的将砝码加到规定值，并记录转数计初始读数。试件经历一定次数的循环后发生断裂，试验机自动停机，记录转数计末读数。转数计末读数减去转数计初始读数即得试件的疲劳寿命。观察断口形貌，注意疲劳破坏特征。

（5）结束工作

整理现场。

六、思考题

（1）何谓疲劳极限？它在工程上有什么实用意义？

（2）如何确定材料的疲劳极限？

（3）疲劳破坏有哪些基本特征？试解释疲劳断口形成的原因。

第三章　综合设计性实验

第一节　材料剪变模量 G 的电测法测定

对于各向同性的线弹性材料，在三个弹性常数 E、μ、G 中，只有两个是独立的。但是从工程和实验的角度来看，剪变模量 G 的测定具有独立意义。本实验利用电测法测定材料的剪变模量 G。

一、实验目的

(1) 掌握电测法的组桥原理及应用。
(2) 用应变电测法测定低碳钢的剪变模量 G。

二、实验设备与仪器

(1) 测剪变模量 G 实验装置。
(2) 静态电阻应变仪。
(3) 游标卡尺。

三、实验原理和方法

圆轴受扭时，材料处于纯剪切应力状态。在比例极限以内，材料的切应力 τ 与切应变 γ 成正比，即满足剪切胡克定律：

$$\tau = G\gamma$$

式中，比例常数 G 即为材料的切变模量。由上式得：

$$G = \frac{\tau}{\gamma} \tag{3-1}$$

式 (3-1) 中的 τ 和 γ 均可由实验测定，其方法如下。

(1) τ 的测定

测剪变模量 G 实验装置如图 2-19 所示，贴应变片处试件为空心圆管，横截面上的内力如图3-1 (a) 所示。试件贴片处的切应力为：

$$\tau = \frac{T}{W_{\mathrm{p}}} = \frac{FL}{\frac{\pi}{16}D^3\left(1 - \frac{d_1^4}{D^4}\right)} \tag{3-2}$$

式中，W_{p} 为圆管的抗扭截面系数。

(2) γ 的测定

在圆管表面与轴线成 $\pm 45°$ 方向各贴一枚规格相同的应变片（图3-1a），组成图 3-1 (b) 所示的半桥接到电阻应变仪上，从应变仪上读出应变值 ε_{r}。由电测原理可知（见第四

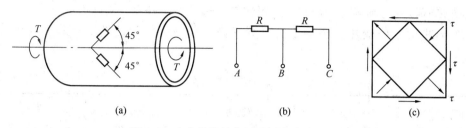

图 3-1　应变片贴片位置及测点应力状态

章第一节），应变读数应当是 45°方向线应变的 2 倍，即

$$\varepsilon_r = 2\varepsilon_{45°}$$

从圆轴扭转理论知，圆轴表面上任一点为纯剪切应力状态（图 3-1c）。在剪切比例极限内，根据广义胡克定律有

$$\varepsilon_{45°} = \frac{1}{E}\left[\tau - \mu(-\tau)\right] = \frac{1+\mu}{E}\tau = \frac{\tau}{2G} = \frac{\gamma}{2}$$

因此，

$$\gamma = \varepsilon_r \tag{3-3}$$

把式（3-2）和式（3-3）代入式（3-1），可得：

$$G = \frac{T}{W_p \varepsilon_r} \tag{3-4}$$

实验采用等增量加载法。设扭矩增量为 ΔT_i，应变仪读数增量为 $\Delta \varepsilon_{ri}$，从每一次加载中，可求得切变模量为：

$$G_i = \frac{\Delta T_i}{W_p \Delta \varepsilon_{ri}} \tag{3-5}$$

同样采用端直法，材料的切变模量是以上 G_i 的算术平均值，即

$$G = \frac{1}{n}\sum_{i=1}^{n} G_i \tag{3-6}$$

四、实验步骤

（1）量取贴应变片处圆管的内、外径。

（2）把应变片按相应的组桥方式接线。

（3）用手轻按砝码盘，检查装置和应变仪是否正常工作。

（4）逐级加砝码。对应着每级载荷 F_i，记录相应的应变值 ε_{ri}。实验重复 3 次。

五、实验结果处理

从三组实验数据中选择较好的一组，建议按表 3-1 整理数据。

六、注意事项

（1）所加扭矩不得超过材料的弹性范围。

（2）量取试件直径和接线时，注意保护应变片和导线。

七、思考题

（1）如改用 45°应变片加温度补偿片进行单点测量，试导出切变模量 G 与应变仪读数

ε_r 间的关系式，并与本实验采用方法进行比较，哪种方法好些？为什么？

（2）若把两个应变片在桥臂中的位置互换，数显表中的读数应变与原来相比有何变化？

整理数据　　　　　　　　　　　　　表 3-1

扭　矩 T_i (kg·cm)	扭矩增量 ΔT_i (kg·cm)	读数应变 ε_{ri} ($\times 10^{-6}$)	应变增量 $\Delta\varepsilon_{ri}$ ($\times 10^{-6}$)	切变模量 $G_i = \dfrac{\Delta T_i}{W_P \Delta\varepsilon_{ri}}$
0	—		—	—

$$G = \frac{1}{n}\sum_{i=1}^{n} G_i$$

第二节　叠梁与复合梁正应力分布规律实验

工程中有时会遇到由两种以上材料构成的梁，它们之间或自由或约束连接，与均匀材料的梁一样受力，这类梁称为复合梁。如用钢板强化的木梁、由两种金属材料构成的圆截面梁以及在两块钢板之间加填充材料而成的夹心梁，还有众所周知的钢筋混凝土梁。复合梁都是根据其受力特点而设计的，能较好地解决承载力和重量之间的矛盾，故在实际工程中，特别在航空航天结构中得到广泛使用。本实验就叠梁、复合梁正应力分布规律进行测定。

一、实验目的

（1）用电测法测定叠梁、复合梁在纯弯曲受力状态下，沿其横截面高度的正应变（正应力）分布规律。

（2）通过实验和理论分析，了解各种不同组合类型叠梁、复合梁的差别，比较它们的承载能力。

二、实验仪器和设备

（1）纯弯曲梁实验装置一台（纯弯曲梁换成叠梁或复合梁）。

（2）YJ-4501A 静态数字电阻应变仪一台。

三、实验原理和方法

叠梁、复合梁实验装置与纯弯曲梁实验装置相同，只是将纯弯曲梁换成叠梁或复合梁，叠梁和复合梁所用材料分别为铝梁和钢梁，其弹性模量分别为 $E = 70\text{GN/m}^2$ 和 $E = 210\text{GN/m}^2$。叠梁、复合梁受力状态和应变片粘贴位置如图 3-2 所示，共 12 个应变片。叠梁、复合梁受力简图如图 3-3 和图 3-4 所示，由材料力学可知：

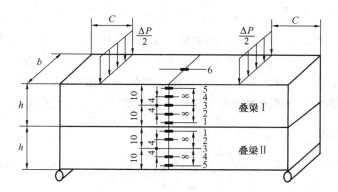

图 3-2　叠梁、复合梁受力状态和应变片粘贴位置（单位：mm）

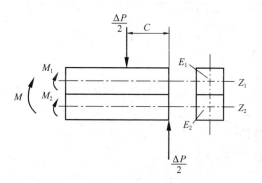

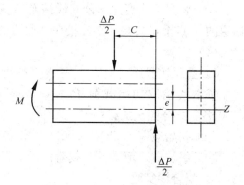

图 3-3　叠梁受力简图　　　　　　　图 3-4　复合梁受力简图

叠梁横截面弯矩：

$$M = M_1 + M_2$$

$$\frac{1}{\rho} = \frac{M_1}{E_1 I_{Z1}} = \frac{M_2}{E_2 I_{Z2}} = \frac{M}{E_1 I_{Z1} + E_2 I_{Z2}} \quad (3\text{-}7)$$

式中　I_{Z1}——叠梁 I 截面对 Z_1 轴的惯性矩；

I_{Z2}——叠梁 II 截面对 Z_2 轴的惯性矩。

因此，可得到叠梁 I 和叠梁 II 正应力计算公式分别为：

$$\sigma_1 = E_1 \frac{Y_1}{\rho} = \frac{E_1 M Y_1}{E_1 I_{Z1} + E_2 I_{Z2}}, \sigma_2 = E_2 \frac{Y_2}{\rho} = \frac{E_2 M Y_2}{E_1 I_{Z1} + E_2 I_{Z2}} \quad (3\text{-}8)$$

式中　Y_1——叠梁 I 上测点距 Z_1 轴的距离；

Y_2——叠梁 II 上测点距 Z_2 轴的距离。

对复合梁：　　　　　　　　设 $E_2 / E_1 = n$

$$\frac{1}{\rho} = \frac{M}{E_1 I_{Z1}^* + E_2 I_{Z2}^*}$$

式中　I_{Z1}^*——梁 I 截面对中性 Z 轴的惯性矩；

I_{Z2}^*——梁 II 截面对中性 Z 轴的惯性矩。

中性轴位置的偏移量为：$e = \dfrac{h(n-1)}{2(n+1)}$

因此，可得到复合梁Ⅰ和复合梁Ⅱ正应力计算公式分别为：

$$\sigma_1 = E_1 \frac{Y}{\rho} = \frac{E_1 M Y}{E_1 I_{Z1}^* + E_2 I_{Z2}^*}, \sigma_2 = E_2 \frac{Y}{\rho} = \frac{E_2 M Y}{E_1 I_{Z1}^* + E_2 I_{Z2}^*}$$

在叠梁或复合梁的纯弯曲段内，沿叠梁或复合梁的横截面高度已粘贴一组应变片，见图 3-2。当梁受载后，可由应变仪测得每片应变片的应变，即得到实测的沿叠梁或复合梁横截面高度的应变分布规律，由单向应力状态的胡克定律公式 $\sigma = E\varepsilon$，可求出应力实验值。将应力实验值与应力理论值进行比较，以验证叠梁、复合梁的正应力计算公式。

四、实验步骤

（1）叠梁、复合梁的单梁截面宽度 $b = 20\text{mm}$，高度 $h = 20\text{mm}$，载荷作用点到梁支点距离 $c = 150\text{mm}$。

（2）将载荷传感器与测力仪连接，接通测力仪电源，将测力仪开关置开。

（3）将梁上应变片的公共线接至应变仪背面 B 点的任一通道上，其他接至相应序号通道的 A 点上，公共补偿片接在 0 通道的 B、C 上。

（4）实验

1）叠梁实验

①本实验取初始载荷 $P_0 = 0.5\text{kN}$（500N），$P_{\max} = 4.5\text{kN}$（4500N），$\Delta P = 0.5\text{kN}$（500N），共分四次加载；

②加初始载荷 0.5kN（500N），将各通道初始应变均置零；

③逐级加载，记录各级载荷作用下每片应变片的读数应变。

2）复合梁实验

①本实验取初始载荷 $P_0 = 0.5\text{kN}$（500N），$P_{\max} = 4.5\text{kN}$（4500N），$\Delta P = 1\text{kN}$（1000N），共分四次加载；

②加初始载荷 0.5kN（500N），将各通道初始应变均置零；

③逐级加载，记录各级载荷作用下每片应变片的读数应变。

五、实验结果的处理

（1）根据实验数据计算各点的平均应变，求出各点的实验应力值，并计算出各点的理论应力值；计算实验应力值与理论应力值的相对误差。

（2）按同一比例分别画出各点应力的实验值和理论值沿横截面高度的分布曲线，将两者进行比较，如果两者接近，说明叠梁、复合梁的正应力计算公式成立。

六、思考题

（1）叠梁、复合梁在纯弯曲状态下其横截面必需的平面假设是否依然成立？

（2）复合梁中性层为何偏移？如何理解复合梁实验中出现两个中性层。

（3）比较叠梁、复合梁应力、应变分布规律。

（4）推导单梁弯曲正应力公式时的几何关系、静力平衡关系、物理关系与推导叠梁和复合梁弯曲正应力公式时的相应关系有何异同？

实验记录和计算可参考表 3-2～表 3-4。

1~6号应变片至中性层的距离（mm）					
Y_1	Y_2	Y_3	Y_4	Y_5	Y_6

测 量 数 据 表　　　　表 3-3

载荷 \ 应变片序号		1		2		3		4		5		6	
P (kN)	ΔP (kN)	ε ($\mu\varepsilon$)	$\Delta\varepsilon$ ($\mu\varepsilon$)	ε ($\mu\varepsilon$)	$\Delta\varepsilon$ ($\mu\varepsilon$)	ε ($\mu\varepsilon$)	$\Delta\varepsilon$ ($\mu\varepsilon$)	ε ($\mu\varepsilon$)	$\Delta\varepsilon$ ($\mu\varepsilon$)	ε ($\mu\varepsilon$)	$\Delta\varepsilon$ ($\mu\varepsilon$)	ε ($\mu\varepsilon$)	$\Delta\varepsilon$ ($\mu\varepsilon$)
$\Delta\varepsilon_{均}$ ($\mu\varepsilon$)													

数 据 处 理 表　　　　表 3-4

应变片序号	1	2	3	4	5	6
理论应力值（MN/m²）						
实验应力值（MN/m²）						
相对误差						

第三节　应变电测法测定压杆的临界载荷

一、实验目的

用应变电测法测定两端铰支细长压杆的临界压力 P_{lj}，以验证欧拉公式。

二、实验仪器和设备

（1）多功能压杆实验装置。

（2）矩形截面压杆一根（已粘贴应变片）。

（3）YJ-4501静态数字电阻应变仪一台。

（4）直尺、游标卡尺。

三、实验原理和方法

压杆实验装置如图2-32所示。通过手轮调节压头和试件中间的距离，将已粘贴好应变片的矩形截面压杆安装在压头和底座中间，压杆尺寸、材料等参数见第二章第八节。

对于两端铰支的中心受压的细长杆，其临界压力为：

$$P_{lj} = \frac{\pi^2 E I_{\min}}{l^2} \qquad (3-9)$$

式中　l——压杆长度；

$I_{\min}$——压杆截面的最小惯性矩。

当压杆所受压力 P 小于试件的临界压力 P_{lj} 时，中心受压的细长杆在理论上保持直线形状，杆件处于稳定平衡状态，即图2-35中的 OA 段直线；当压杆所受压力 $P \geqslant P_{lj}$ 时，杆件因丧失稳定而弯曲，即图2-35中的 AB 段直线。由于试件可能有初曲率，压力可能偏心，以及材料的不均匀等因素，实际的压杆不可能完全符合中心受压的理想状态。在实验过程中，即使压力很小时，杆件也会发生微小弯曲，中点挠度随压力的增加而增大。如图3-5所示，若令压杆轴线为 x 坐标，压杆下端点为坐标轴原点，则在 $x = \frac{l}{2}$ 处：

横截面上的内力为：　　　　$M_{x=\frac{1}{2}} = Pf, \ N = -P$

横截面上的应力为：　　　　$\sigma = -\frac{P}{A} \pm \frac{My}{I_{\min}}$

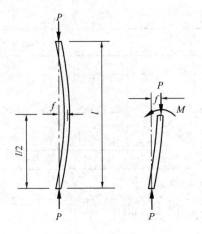

图3-5　杆件受力

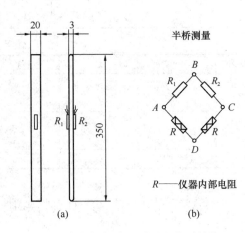

图3-6　杆件应变仪粘贴和测量电路（单位：mm）

在 $x = \frac{l}{2}$ 处沿压杆轴向已粘贴两片应变片，按图3-6（b）将半桥测量电路接至应变仪上，可消除由轴向力产生的应变，此时，应变仪测得的应变只是由弯矩 M 引起的应变，且是弯矩 M 引起应变的2倍，即 $\varepsilon_M = \frac{\varepsilon_d}{2}$。

由此可得测点处弯曲正应力 $\sigma = \dfrac{M\frac{h}{2}}{I_{\min}} = \dfrac{Pf\frac{h}{2}}{I_{\min}} = E\varepsilon_M = E\dfrac{\varepsilon_d}{2}$

并可导出 $x = \dfrac{l}{2}$ 处压杆挠度 f 与应变仪读数应变之间的关系式为：

$$f = \frac{EI_{\min}}{Ph}\varepsilon_d$$

由上式可见，在一定的力 P 作用下，应变仪读数应变 ε_d 的大小反映了压杆挠度 δ 的大小，可将图 2-35 中的挠度 δ 横坐标用读数应变 ε_d 来替代，绘制出 P-ε_d 曲线图。当 P 远小于 P_{lj} 时，随力 P 增加应变 ε_d 也增加，但增加得极为缓慢；而当力 P 趋近于临界力 P_{lj} 时，应变 ε_d 急剧增加。

四、实验步骤

（1）将压杆安装在两端铰支承中间；
（2）接通测力仪电源，将测力仪开关置开；
（3）按图 3-6（b）半桥测量电路将应变片导线接至应变仪上；
（4）检查应变仪灵敏系数是否与应变片一致，若不一致，重新设置；
（5）在力 P 为零时将应变仪测量通道置零；
（6）旋转手轮对压杆施加载荷。要求分级加载荷，并记录 P 值和 ε_d 值，在 P 远小于 P_{lj} 段，分级可粗些，当接近 P_{lj} 时，分级要细些，直至压杆有明显弯曲变形，应变不超过 $1000\mu\varepsilon$。

五、实验结果处理

（1）根据实验设计实验数据记录表格；
（2）自己设计记录表格，绘制 P-ε_d 试验曲线，确定临界力测试值 P_{lj}；
（3）计算两端铰支临界力 P_{lj} 的理论值，与实测值进行比较，求出差异大小并分析原因。

六、注意事项

（1）加载均匀，缓慢进行。
（2）试件弯曲变形不能过大，避免应力超过材料的比例极限。

七、思考题

压杆临界力测定结果和理论计算结果之间的差异主要是由哪些因素引起?

第四节　偏心拉伸实验

在工程实践上，零件或构件承受载荷时产生的变形往往比较复杂，常有两种或两种以上的基本变形组合而成。当轴力不通过杆件截面的形心而产生拉伸（压缩）也引起杆弯曲和拉压的组合变形，从而降低了构件的承载能力。其影响程度取决于偏心距的大小。下面将介绍用电测法测定直杆受偏心拉伸的偏心距和材料的弹性模量值测试方法。

一、实验目的

(1) 测定偏心拉伸试件的偏心距和材料的弹性模量。

(2) 学习组合载荷作用下由内力产生的应变成分的测量的方法。

二、实验试件及提供的条件

(1) 偏心拉伸试件见图 3-7。温度补偿片供组桥用。

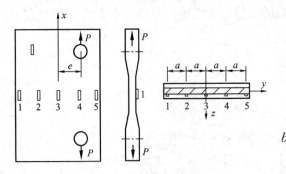

图 3-7　偏心块的拉伸

(2) 无级机械加载装置一套。

(3) 静态电阻应变仪。

(4) 游标卡尺。

三、实验内容与要求

(1) 用游标卡尺测量试件横截面尺寸 b、h。

(2) 估算载荷的初值 F 和最大值 $F_{\max}$。

(3) 掌握加载装置的操作方法，准确读取载荷数值。

(4) 用 1/4 桥测试法，测定材料的弹性模量 E，偏心拉伸试件的偏心距 e。

(5) 用半桥自补偿法测定偏心距 e。

(6) 用全桥自补偿法测定偏心距 e。

(7) 用全桥或半桥（可以用补偿片）测试法测定材料的弹性模量 E。

四、原理及方法

(1) 应力计算

如图 3-7 所示为偏心块的拉伸受力图。偏心块为拉伸和弯曲变形的组合，其弯矩为 $M = Pe$。根据弯曲理论，偏心块上各点的正应力增量为：

$$\Delta\sigma_{理} = \frac{\Delta P}{A} + \frac{\Delta M y}{I_z} \tag{3-10}$$

式中，y 为各测点到中性轴 z 的距离；I_z 为横截面对中性轴 z 的惯性矩，对于矩形截面

$$I_z = \frac{1}{12}bh^3$$

由于偏心块是拉伸和弯曲变形的组合，正应力可直接叠加。纵向各纤维间不产生相互挤压，只产生伸长或缩短，所以各点为单向应力状态。只要测出各点的应变增量 $\Delta\varepsilon$，即可按胡克定律计算出正应力增量 $\Delta\sigma_{实}$。

$$\Delta\sigma_{实} = E\Delta\varepsilon \tag{3-11}$$

测出各点的应变后，即可按式（3-11）算出正应力增量 $\Delta\sigma_{实}$，并画出正应力 $\Delta\sigma_{实}$ 沿截面高度的分布规律图。从而可与由式（3-10）算出的正应力理论值 $\Delta\sigma_{理}$ 进行比较。

（2）计算偏心距 e

对应于载荷 (P_n-P_0)，通过合理组成测量电桥，可以直接测出 1、5 两点的弯曲应变 ε_M。按胡克定律，相应的弯曲应力为：

$$\sigma_M = E\varepsilon_M$$

另外，因载荷偏心引起的弯矩为 $M=(P_n-P_0)e$，由弯曲正应力公式得：

$$\sigma_M = \frac{M\cdot y_1}{I_z} = \frac{M\cdot 2a}{I_z} = \frac{(P_n-P_0)\cdot 2ea}{I_z}$$

比较以上两式可得：

$$e = \frac{EI_z\varepsilon_M}{2(P_n-P_0)a} \tag{3-12}$$

这是通过实验测定的偏心距，即 $e_{实}$。它与给定的 e 可能存在偏差，试分析出现偏差的原因。

五、实验步骤及注意事项

（1）在偏心块的大致中间横截面处贴 5 片应变片与 x 轴平行，各片以等距 a 分布，作为工作片；另外在补偿块上某一位置贴 1 片应变片，作为温度补偿片。

（2）对粘贴应变片的 5 个点进行应变测量，由于测点较多，应用有多个测点的数字应变仪分批进行。

（3）完成接线后，利用选择开关逐点预调平衡。加载时，每增加一级 ΔP，转动选择开关逐点读出相应的应变 $\Delta\varepsilon$。

（4）加载要均匀缓慢；测量中不允许挪动导线；小心操作，不要因超载拉坏偏心块。

六、实验报告要求

针对"三、实验内容与要求"中的（4）、（5）、（6）、（7）项，分别画出组桥接线图，得出测试目标 E、e 与应变仪读数应变间的关系式。根据试件截面尺寸，载荷大小及对应的应变仪读数等实验数据，求出测试目标值。学会数据处理表格化，自己设计简单明了的表格来处理以上实验结果。

七、思考题

（1）胡克定律 $\sigma=E\varepsilon$ 是在拉伸的情况下建立的，在计算梁的弯曲实测应力和偏心块的组合正应力时为什么胡克定律仍然可用？

（2）实验中采用了三种方法测量偏心距 e，你认为哪种方法较好？为什么？

（3）偏心拉伸试件横截面内的最大正应力比轴向拉伸提高了多少？

（4）若试件的截面尺寸 b、h 和材料的弹性模量 E 已知，应如何测量外加载荷 F？

第五节　测定未知载荷实验

在外力作用下，构件产生应力和变形。通过应力应变的实测和分析，进而研究构件的强度问题，是解决工程强度问题的重要方法。另外，通过应力应变测试，分析构件受力，甚至控制载荷的大小，也是工程上经常遇到的问题。本实验以较为简单的悬臂梁为对象，进行基本训练。

一、实验目的

（1）用应变电测法测定悬臂梁自由端的未知载荷和固定端的支反力偶。
（2）训练电测技术中的组桥技巧。

二、实验装置与提供的条件

（1）等截面悬臂梁（图 3-8）。截面尺寸 b、h 和贴片位置 a 已知，材料的弹性模量 E 已知。在 A 截面的上表面贴应变片 1 和 2，下表面贴应变片 3，在 B 截面的上、下表面贴应变片 4 和 5。各应变片均沿梁的轴线方向布置。应变片的灵敏系数 $K=2.2$。
（2）静态电阻应变仪。

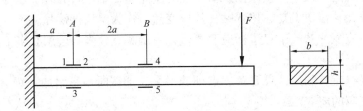

图 3-8　等截面悬臂梁

三、实验内容与要求

（1）根据实验目的（1）的要求，思考并拟定实验方案。
（2）独立完成实验，包括接线、加载、读取和记录实验原始数据等。
（3）现场计算出加载砝质量和支反力偶，经指导老师认可后，结束实验，使装置和仪器复原。

四、实验报告要求

画出测量加载砝质量和固定端支反力偶的应变片组桥接线图，写出用读数应变 ε_r 表示未知截荷 F 和支反力偶 M 的表达式。整理实验数据，求出自由端的未知载荷、固定端的支反力偶。

五、思考题

利用该实验装置，能否测出施力点的挠度（所有条件与本实验相同）？

第六节　弯扭组合变形时内力素的测定实验

单独测出处于组合变形情况下构件截面上的某一个内力，对于分析或调整构件的受力是必要的。工程中有些构件受复杂荷载作用，处于组合变形状况下工作，如拉-弯、弯-扭等组合变形，此时构件中的应力也是复合的。如需测量其中某一种变形在构件中的应力，仅依赖应变片本身是不够的，但通过合理的布置应变片以及粘贴方位，并采用正确的测量电桥，便可以将这种应变单独测量出来，然后计算出相应的应力。本实验以工程实际中广泛使用的薄壁圆管为对象，进行弯扭组合变形时内力素的测定实验。

一、实验目的

（1）测定薄壁圆管在弯扭组合变形时的弯矩、扭矩，并与理论值比较。
（2）学习布片原则、应变成分分析和各种组桥方案。

二、实验装置与提供的条件

（1）WN-05 弯扭组合实验装置。
（2）静态数字电阻应变仪。

三、实验内容与要求

（1）根据引线的编组和颜色，仔细识别引线与应变片的对应关系。
（2）打开应变仪和载荷显示仪。通过加载手轮施加一定的载荷，逐点检测各测点（也可只测某两个点）应变花 3 个应变片的应变值 $\varepsilon_{-45°}$、$\varepsilon_{0°}$、$\varepsilon_{45°}$。
（3）通过合理的组桥方式，测出扭矩 T、弯矩 M。

四、弯扭组合变形内力的测定

（1）测定弯矩

弯扭组合实验装置如图 2-24 所示，在圆管固定端附近的上表面点 m 处粘贴 1 枚应变片 a（图 3-9），该点处于平面应力状态（图 3-10），选定 x 轴如图 3-10 所示。在靠近固定端的下表面点 m'（m' 为直径 mm' 的端点）上，粘贴 1 枚与 m 点相同的应变片 a'，相对位置已表示于图 3-9 中。圆管虽为弯扭组合，但 m 和 m' 两点沿 x 方向只有因弯曲引起的拉伸和压缩应变，且两者数值相等符号相反。因此，将 m 点的应变片 a 与 m' 点的应变片 a'，按图 3-11（a）半桥接线，得：

$$\varepsilon_r = (\varepsilon_M + \varepsilon_T) - (-\varepsilon_M + \varepsilon_T) = 2\varepsilon_M$$

式中，ε_T 为温度应变；ε_M 为 m 点因弯曲引起的应变。因此求得最大弯曲应力为：

$$\sigma = E\varepsilon_M = \frac{E\varepsilon_r}{2}$$

还可由下式计算最大弯曲应力，即

$$\sigma = \frac{M \cdot D}{2I} = \frac{32MD}{\pi(D^4 - d^4)}$$

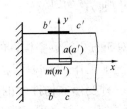

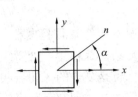

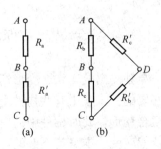

图 3-9 弯扭组合变形圆管的俯视图　　图 3-10 m 点处应力状态　　图 3-11 接线方法

令以上两式相等，便可求得弯矩为：

$$M = \frac{E\pi(D^4 - d^4)}{64D}\varepsilon_r \tag{3-13}$$

（2）测定扭矩

如图 3-12 所示，在圆管固定端附近的前方表面点 n 处粘贴 1 枚应变花，它的 2 个应变片分别为 b 和 c，该点处于纯剪切状态（图 3-13）。而在靠近固定端的后表面点 n'（n' 为直径 nn' 的端点）上，粘贴 1 枚与 n 点完全相同的应变花，它的 2 个应变片分别为 b' 和 c'。当圆管受纯扭转时，n 点的应变因主应力 σ_1 和 σ_2 数值相等符号相反，故 4 枚应变片的应变的绝对值相同，且 ε_b 与 $\varepsilon_{b'}$ 同号，与 ε_c、$\varepsilon_{c'}$ 异号。如按图 3-11（b）全桥接线，则

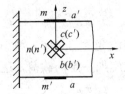

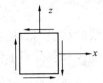

图 3-12 弯扭组合变形圆管的主视图　　图 3-13 n 点处应力状态

$$\varepsilon_r = \varepsilon_b - \varepsilon_c + \varepsilon_{b'} - \varepsilon_{c'} = \varepsilon_T - (-\varepsilon_T) + \varepsilon_T - (-\varepsilon_T) = 4\varepsilon_T \tag{3-14}$$

$$\varepsilon_T = \frac{\varepsilon_r}{4}$$

这里，ε_T 即扭转时的主应变，由胡克定律得：

$$\sigma_1 = \frac{E}{4(1+\mu)}\varepsilon_r$$

因扭转时主应力 σ_T 与切应力 τ 相等，故有：

$$\sigma_1 = \tau = \frac{TD}{2I_P} = \frac{16TD}{\pi(D^4 - d^4)}$$

由以上两式可得扭矩 T 为：

$$T = \frac{E\varepsilon_r}{4(1+\mu)} \cdot \frac{\pi(D^4 - d^4)}{16D} \tag{3-15}$$

（3）实验步骤及注意事项

1）取 m 和 m' 两点的应变片 a 和 a'，用相互补偿的半桥接线（图 3-11a），测定截面上的弯矩 M。

2）取下应变仪接线柱上的三点连接片，以 b、c、b'、c' 4 枚应变片按图 3-11（b）全

桥接线，测定扭矩 T。

3）加载时要轻轻地把砝码放在砝码盘上，切勿重击。加载或卸载时都应小心，以免砝码跌落伤人。加载后，砝码若有晃动，必须使其稳定后才可进行读数。

4）弯扭组合装置中，圆管的壁厚很薄。为避免装置受损，应注意不能超载，不能用力扳动圆管的自由端和加力杆。

五、实验报告要求

画出测量扭矩和弯矩的应变片组桥接线图，写出用应变仪读数应变 ε_r 表示未知扭矩 T 和未知弯矩 M 的表达式。整理实验数据，求出未知扭矩和未知弯矩。

六、思考题

（1）测量扭矩时若考虑由于剪力而产生的剪应力，如何通过组桥技术测定扭矩？

（2）测扭矩时，在一个测点粘贴两个与圆管轴线成±45°的应变片，或一个成 45°的应变片，能否测定扭矩？

（3）本次实验的误差主要是由哪些原因造成的？

（4）测弯矩时，可用两个纵向应变片组成相互补偿电路；也可用一个纵向应变片，外接补偿电路。两种方案哪种较好？为什么？

第四章　创新提高型实验

第一节　应变电测基础和应变片粘贴实验

在实际工程中，对构件除了理论分析计算外，往往还采用实验的方法对构件或其模型进行应变、应力测量分析，这种方法称为实验应力分析。实验方法和理论分析是解决构件强度问题的两种途径，这两种方法互为补充、相互促进。在实验应力分析的多种方法中，电阻应变片测量技术（又称应变电测法，简称电测法）是工程中最常用的应力分析方法之一。

电测法是一种非电量电测技术。测量时，用专用胶粘剂将电阻应变片（简称应变片或应变计）粘贴到被测构件表面，应变片因感受测点的应变而使自身的电阻改变，电阻应变仪（简称应变仪）将应变片的电阻变化转换成电信号并放大，然后显示出应变值，再由应力、应变关系换算成应力值，达到对构件进行实验应力分析的目的。其原理框图如图 4-1 所示。

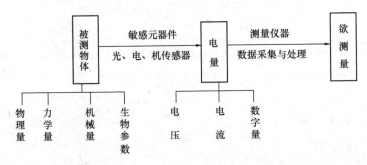

图 4-1　电测技术原理图

电测法主要有如下优点：

（1）灵敏度高。能测量小于 $1\mu\varepsilon$（微应变 $1\mu\varepsilon = 1\times10^{-6}$）的微小应变。

（2）适应性强。应变片可测应变范围为 $1\sim2.2\times10^{5}\mu\varepsilon$（$1\times10^{-6}\sim2.2\times10^{-1}$），可测应变频率为 $0\sim200\text{kHz}$，能在接近绝对零度的极低温度至高于 900°C 的高温环境下工作，能在水中和核辐射环境下测量，能在转速为 10000rpm 和运动的构件上取得信号，还可以进行远距离遥测。

（3）精度高。在实验室常温条件下静态测量，误差可控制在 1% 以内；现场条件下的静态测量，误差为 $1\%\sim3\%$，动态测量误差在 $3\%\sim5\%$。

（4）自动化程度高。科学技术的发展，为应变电测法提供了先进的测试仪器和数据处理系统，不仅使测试效率大为提高，也使测量误差不断降低。目前已有 100 点/s 的静态应变仪和对动态应变信号进行自动分析处理的系统。

(5) 可测多种力学量。现已有裂纹扩展片（测量裂纹的扩展）、测温片、残余应力片等。采用应变片作敏感元件而制成的应变式传感器，可测力、压强、扭矩、位移、转角、速度和加速度等多种力学量。

当然，电测法也有局限性，只能测量构件表面有限点的应变，当测点较多时，准备工作量大。所测应变是应变片敏感栅投影面积下构件应变的平均值，对于应力集中和应变梯度很大的部位，会引起较大的误差。

应变电测法所具有的独特优点，使该方法成为动态应变测量最有效的方法，也成为高温、液下和旋转、运动构件应变测量的唯一方法。现在，应变电测法在工业、农业、国防、科学研究、工程监测、航空、航天、医学、体育及日常生活中都得到广泛应用。

一、电阻应变片

电阻应变片（简称为应变片）有多种形式，常用的是丝绕式（图 4-2）和箔式（图 4-3）。丝绕式应变片一般采用直径为 0.02～0.05mm 的镍铬或镍铜（也称康铜）合金丝绕成栅式，用胶水贴在两层绝缘的薄纸或塑料片（基底）中。在丝栅的两端焊接直径为 0.15～0.18mm 镀锡的铜线（引出线），用来连接测量导线。箔式应变片一般用厚度为 0.003～0.01mm 康铜或镍铬等箔材，经过化学腐蚀等工序制成电阻箔栅，然后焊接引出线，涂以覆盖胶层。目前的腐蚀技术能精确地保证箔栅的尺寸，因此同一批号箔式应变片的性能稳定可靠。

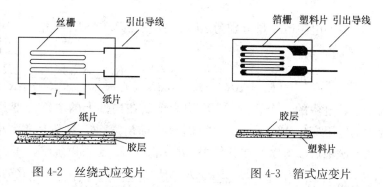

图 4-2　丝绕式应变片　　　　　图 4-3　箔式应变片

为了测量构件上某点沿某一方向的应变，在构件未受力前，将应变片用特制的胶水贴在测点处，使应变片的长度 l 沿着指定的方向。构件受力变形后，粘贴在构件上的应变片随测点处的材料一起变形，应变片的电阻 R 改变为 $R+\Delta R$（若为拉应变，电阻丝长度伸长，横截面积减小，电阻增加）。由实验得知：单位电阻改变量 $\Delta R/R$ 与应变 ε 成正比，即

$$\frac{\Delta R}{R} = k\varepsilon \tag{4-1}$$

式中，k 称为应变片的灵敏系数，它和电阻丝的材料及丝的绕制形式有关。k 值在应变片出厂时由厂方标明，一般 k 值为 2 左右。

普通电阻应变片丝栅的长度，即标距在 1～10mm 之间，应变变化不大的地方用大标距应变片，反之用小标距的应变片。目前应变片的最小标距可达 0.2mm。应变片的原始电阻在 50～200Ω 之间，一般应变片 R 为 120Ω。

二、应变电桥

（1）电桥的工作原理

电阻应变片因随构件变形而发生的电阻变化 ΔR，通常用四臂电桥（惠斯顿电桥）来测量。现以图 4-4 中的直流电桥来说明。图中 4 个桥臂 AB、BC、CD 和 DA 的电阻分别为 R_1、R_2、R_3 和 R_4。在对角节点 A、C 上接电压为 E_1 的直流电源后，另一对角节点 B、D 为电桥输出端，输出端电压为 U_{BD}，且

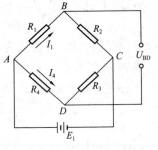

图 4-4　直流电桥

$$U_{BD} = U_{AB} - U_{AD} = I_1 R_1 - I_4 R_4 \quad (4\text{-}2)$$

由欧姆定理知

$$E_1 = I_1(R_1 + R_2) = I_4(R_4 + R_3)$$

故有

$$I_1 = \frac{E_1}{R_1 + R_2}, \quad I_4 = \frac{E_1}{R_4 + R_3}$$

代入式（4-2）经整理后得：

$$U_{BD} = E_1 \frac{R_1 R_3 - R_2 R_4}{(R_1 + R_2)(R_3 + R_4)} \quad (4\text{-}3)$$

当电桥平衡时，$U_{BD} = 0$。由上式得电桥的平衡条件为：

$$R_1 R_3 = R_2 R_4 \quad (4\text{-}4)$$

设电桥 4 个桥臂的电阻改变量分别为 ΔR_1、ΔR_2、ΔR_3 和 ΔR_4，由式（4-3）得电桥输出端电压为：

$$U_{BD} + \Delta U_{BD} = E_1 \frac{(R_1 + \Delta R_1)(R_3 + \Delta R_3) - (R_2 + \Delta R_2)(R_4 + \Delta R_4)}{(R_1 + \Delta R_1 + R_2 + \Delta R_2)(R_3 + \Delta R_3 + R_4 + \Delta R_4)} \quad (4\text{-}5)$$

在电测法中，若电桥的 4 个臂 $R_1 \sim R_4$ 均为粘贴在构件上的电阻应变片，构件受力后，电阻应变片的电阻变化 ΔR_i（$i=1,2,3,4$）与 R_i 相比，一般是非常小的。因而式（4-5）中 ΔR_i 的高次项可以省略。在分母中 ΔR_i 相对于 R_i 也可以省略，于是

$$U_{BD} + \Delta U_{BD} = E_1 \frac{R_1 R_3 + R_1 \Delta R_3 + R_3 \Delta R_1 - (R_2 R_4 + R_2 \Delta R_4 + R_4 \Delta R_2)}{(R_1 + R_2)(R_3 + R_4)} \quad (4\text{-}6)$$

将式（4-6）减式（4-3）得：

$$\Delta U_{BD} = E_1 \frac{R_1 \Delta R_3 + R_3 \Delta R_1 - R_2 \Delta R_4 - R_4 \Delta R_2}{(R_1 + R_2)(R_3 + R_4)} \quad (4\text{-}7)$$

这就是因电桥臂电阻变化而引起的电桥输出端的电压变化。如电桥的 4 个臂为相同的 4 枚电阻应变片，其初始电阻都相等，即 $R_1 = R_2 = R_3 = R_4 = R$，则式（4-7）可化为：

$$\Delta U_{BD} = \frac{E_1}{4}\left(\frac{\Delta R_1}{R} - \frac{\Delta R_2}{R} + \frac{\Delta R_3}{R} - \frac{\Delta R_4}{R}\right) \quad (4\text{-}8)$$

根据式（4-1），上式可写成：

$$\Delta U_{BD} = \frac{E_1 k}{4}(\varepsilon_1 - \varepsilon_2 + \varepsilon_3 - \varepsilon_4) \quad (4\text{-}9)$$

上式表明，由应变片感受到的 $(\varepsilon_1 - \varepsilon_2 + \varepsilon_3 - \varepsilon_4)$，通过电桥可以线性地转变为电压的变化 ΔU_{BD}。只要对 ΔU_{BD} 进行标定，就可用仪表指示出所测定的 $(\varepsilon_1 - \varepsilon_2 + \varepsilon_3 - \varepsilon_4)$。式（4-8）

和式（4-9）还表明，相邻桥臂的电阻变化率（或应变）相减，相对桥臂的电阻变化率（或应变）相加。在电测应力分析中合理地利用这一性质，将有利于提高测量灵敏度并降低测量误差。公式是在桥臂电阻改变很小，即小应变条件下得出的，在弹性变形范围内，其误差低于 0.5%，可见有足够的精度。

上述 4 个桥臂皆为电阻应变片的情况，称为全桥测量电路。有时电桥 4 个臂中只有 R_1 和 R_2 为粘贴于构件上的电阻应变片，其余两臂则为电阻应变仪内部的标准电阻，这种情况称为半桥测量电路。设电阻应变片的初始电阻为 $R_1 = R_2 = R$，构件受力后，其各自的电阻变化为 ΔR_1 和 ΔR_2；至于电阻应变仪内部的标准电阻则为 $R_3 = R_4 = R'$，且 $\Delta R_3 = \Delta R_4 = 0$。这里可以认为 R' 与 R 不相等。仿照导出式（4-8）和式（4-9）的相同步骤，可以得出：

$$\Delta U_{BD} = \frac{E_1}{4} \left(\frac{\Delta R_1}{R} - \frac{\Delta R_2}{R} \right) = \frac{E_1 k}{4} (\varepsilon_1 - \varepsilon_2) \tag{4-10}$$

与式（4-8）和式（4-9）比较，半桥测量电路可以看作是，全桥测量电路中 $\Delta R_3 = \Delta R_4 = 0$（即 $\varepsilon_3 = \varepsilon_4 = 0$）的特殊情况。

（2）温度补偿和温度补偿片

实测时应变片粘贴在构件上，若温度发生变化，因应变片的线膨胀系数与构件的线膨胀系数并不相同，且应变片电阻丝的电阻也随温度变化而改变，所以测得的应变将包含温度变化的影响，不能真实反映构件因受载荷引起的应变。消除温度变化的影响有下述两种补偿方法。

把粘贴在受载构件上的应变片作为 R_1（图 4-5a），应变为 $\varepsilon_1 = \varepsilon_{1P} + \varepsilon_T$，其中 ε_{1P} 是因载荷引起的应变，ε_T 是温度变化引起的应变。以相同的应变片粘贴在材料和温度都与构件相同的补偿块上，作为 R_2。补偿片不受力，只有温度应变，且因材料和温度都与构件相同，温度应变也与构件一样，即 $\varepsilon_2 = \varepsilon_T$。以 R_1 和 R_2 组成测量电桥的半桥，电桥的另外两臂 R_3

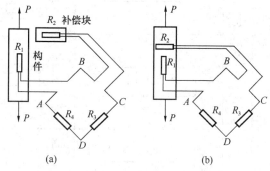

图 4-5　两种温度补偿方法

和 R_4 为应变仪内部的标准电阻，都不感受应变，$\varepsilon_3 = \varepsilon_4 = 0$，它们的温度影响相互抵消，故

$$\varepsilon_r = \varepsilon_1 - \varepsilon_2 + \varepsilon_3 - \varepsilon_4 = \varepsilon_{1P} + \varepsilon_T - \varepsilon_T = \varepsilon_{1P} \tag{4-11}$$

可见在读数 ε_r 中已消除了温度的影响。

上述补偿方法是在待测结构外部另用补偿块。如在结构测点附近就有不产生应变的部位，便可把补偿块贴在这样的部位上，与采用补偿块效果是一样的。

在图 4-5（b）中，应变片 R_1 和 R_2 都贴在轴向受拉构件上，且相互垂直，并按半桥接线。两枚应变片的应变分别是：$\varepsilon_1 = \varepsilon_{1P} + \varepsilon_T$，$\varepsilon_2 = \varepsilon_{2P} + \varepsilon_T = -\mu\varepsilon_{1P} + \varepsilon_T$，这里的 μ 为泊松比，则

$$\varepsilon_r = \varepsilon_1 - \varepsilon_2 = (1 + \mu)\varepsilon_{1P}$$

$$\varepsilon_{1P} = \frac{\varepsilon_r}{1 + \mu} \tag{4-12}$$

这里温度应变也已自动消除，并且使测量灵敏度比单臂测量增加了（1＋μ）倍。这种补偿片也参与机械应变的方法，称为工作片补偿法。常用于高速旋转机械或测点附近不宜安置补偿片的情况。应该注意的是，只有当测量片和补偿片的应变关系已知时才能使用。

上述两种温度补偿方法都是半桥接线的实例。

三、测量桥路的布置

由式（4-9）可见，应变仪读数 ε_r 具有对臂相加、邻臂相减的特性。根据此特性，采用不同的桥中布置方法，有时可达到提高测量灵敏度的目的，有时可达到在复合抗力中只测量某一种内力素，消除另一种或几种内力素的作用。读者可视具体情况灵活运用。表4-1 给出直杆在几种主要变形条件下测量应变使用的布片及接线方法。

常见变形条件下应变电测方法 表 4-1

变形形式	需测应变	应变片的粘贴位置	电桥连接方法	测量应变 ε 与仪器读数应变 ε_r 间的关系	备 注
拉（压）	拉（压）	R_1（F 方向拉伸）	R_1 — A，B，R_2 — C	$\varepsilon=\varepsilon_r$	R_1 为工作片，R_2 为补偿片
		R_1、R_2（F 方向拉伸）	R_1 — A，B，R_2 — C	$\varepsilon=\dfrac{\varepsilon_r}{1+\mu}$	R_1 为纵向工作片，R_2 为横向工作片，μ 为材料泊松比
弯曲	弯曲	R_2（上）、R_1（下），M	R_1 — A，B，R_2 — C	$\varepsilon=\dfrac{\varepsilon_r}{2}$	R_1 与 R_2 均为工作片
		R_1、R_2（下），M	R_1 — A，B，R_2 — C	$\varepsilon=\dfrac{\varepsilon_r}{1+\mu}$	R_1 为纵向工作片，R_2 为横向工作片
扭转	扭转主应变	R_2、R_1（T 方向），45°	R_1 — A，B，R_2 — C	$\varepsilon=\dfrac{\varepsilon_r}{2}$	R_1 和 R_2 均为工作片

变形形式	需测应变	应变片的粘贴位置	电桥连接方法	测量应变 ε 与仪器读数应变 ε_r 间的关系	备 注
拉（压）弯组合	拉（压）			$\varepsilon = \varepsilon_r$	R_1 和 R_2 均为工作片，R 为补偿片
				$\varepsilon = \dfrac{\varepsilon_r}{2}$	
	弯曲			$\varepsilon = \dfrac{\varepsilon_r}{2}$	R_1 和 R_2 均为工作片
拉（压）扭组合	扭转主应变			$\varepsilon = \dfrac{\varepsilon_r}{2}$	R_1 和 R_2 均为工作片
	拉（压）			$\varepsilon = \dfrac{\varepsilon_r}{1+\mu}$	R_1、R_2、R_3、R_4 均为工作片
				$\varepsilon = \dfrac{\varepsilon_r}{2(1+\mu)}$	
扭弯组合	扭转主应变			$\varepsilon = \dfrac{\varepsilon_r}{4}$	R_1、R_2、R_3、R_4 均为工作片
	弯曲			$\varepsilon = \dfrac{\varepsilon_r}{2}$	R_1 和 R_2 均为工作片

　　电阻应变测试方法是用电阻应变片测定构件表面应变，再根据应力-应变关系确定构件表面应力状态的一种实验应力分析方法。测量数据的可靠性很大程度上依赖于应变片的粘贴质量。好的质量应当是粘贴位置准确，粘结层薄而均匀，需要实践、总结、不断提高。

四、应变片粘贴实验

（1）实验目的

1）初步掌握应变片的粘贴技术。

2）初步掌握焊线和检查，了解粘贴质量对测试结果的影响。

（2）实验要求

1）每人一根悬臂梁，一块补偿块，2枚应变片。在悬臂梁上（沿其轴线方向）和补偿块上各一枚应变片（图4-6）。

2）用自己贴的应变片进行规定内容的测试。

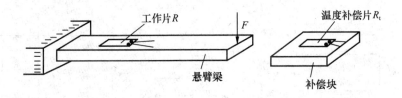

图 4-6　悬臂梁试件及补偿块

（3）应变片粘贴及焊线

电测应力分析中，构件表面的应变通过粘结层传递给应变片。测量数据的可靠性很大程度上依赖于应变片的粘贴质量。这就要求粘结层薄而均匀，无气泡，充分固化，既不产生蠕滑又不脱胶。应变片的粘贴工艺包括下列几个过程：

1）应变片的筛选。用数字万用表检测各应变片的阻值，以所用应变片各阻值之间相差不超过 0.5Ω 为宜。

2）试样表面处理。为使应变片粘贴牢固，试件粘贴应变片的部位应刮去油漆层，打磨锈斑，除去油污，用细砂纸打成45°交叉纹，并用丙酮（或酒精）棉球擦洗干净，用划针沿贴片方位画出标志线。

3）应变片的粘贴。常温应变片的胶粘剂有502（或501）快干胶、环氧树脂胶等。贴片时，在试件粘贴表面先涂一薄层胶粘剂，用手指捏住（或用镊子钳住）应变片的引线，在基底上也涂一层胶粘剂，即刻放置于试件上，且使应变片的基准线对准刻于试件上的标志线，盖上一小片聚氯乙烯透明薄膜（以免粘住手指），用手指按压应变片，挤出多余的胶水和气泡（注意按压时不要使应变片移动），按压约1分钟后，轻轻揭开薄膜，检查应变片有无气泡、翘曲、脱胶等现象，否则需重贴。

4）应变片粘贴质量检查。用万用表检查应变片是否通路（两导线之间电阻约 120Ω），粘贴前后应变片的阻值应无较大变化。注意应变片的引出线不要粘在试件上，应变片与试件之间是否绝缘（绝缘电阻大于 $100M\Omega$）。如已粘上应轻轻脱离，并在试件上粘贴胶带以便绝缘。

5）导线的焊接。事先将所需导线一端的塑料皮剥去3mm并涂上焊锡，并使此端靠近应变片引出线，在合适的位置将导线用胶带固定在试件上，然后用电烙铁将应变片引出线与测量导线焊接在一起，焊点要求光滑小巧，防止虚焊。用万用表再次检查应变片是否通路。焊完所有的应变片后，将各应变片与相应的导线编号，以方便数值记录。

　　为防止在导线被拉动时应变计引出线被拉坏，可使用接线端子，接线端子相当于接线柱，使用时先用胶水把它粘在应变计引出线前端，然后把应变计引出线及导线分别焊于接线端子的两端，以保护应变计，如图 4-7 所示。

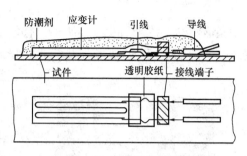

图 4-7　应变计的保护

　　6）防潮处理。为避免胶层吸收空气中的水分而降低绝缘电阻值，应在应变计接好线并且绝缘电阻达到要求后，立即对应变计进行防潮处理。防潮处理应根据实验的要求和环境采用不同的防潮材料。常用的简易防潮剂有 703、704 硅胶。

五、实验步骤

（1）按应变片粘贴工艺完成贴片工作。
（2）按图 4-8 的形式接成半桥，观察是否有零漂现象。
（3）悬臂梁加上一定载荷，记录应变仪读数，观察是否有漂移现象。
（4）在悬臂梁的弹性范围内，等量逐级加载，观察应变仪的读数增量。
（5）把工作片 R 和温度补偿片 R_t 在电桥中的位置互换，在相同载荷作用下，观察应变仪的读数变化。

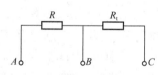

图 4-8　半桥

（6）按图 4-8 的形式接成半桥，不加载荷，用白炽灯近距离照射试件上的工作片，观察应变仪读数。

六、思考题

　　（1）在温度补偿法电测中，温度补偿计为什么能消除工作应变计的温度影响？其对补偿块和补偿片的要求是什么？
　　（2）所贴应变片按图 4-8 接入应变仪后，是否出现：①电桥无法平衡的现象；②应变仪读数产生漂移现象。产生以上两种现象的原因是什么？

第二节　小刚架应力测量实验

一、实验目的

（1）用电测法测定图 4-10 中 A-A、B-B 截面应变及拉（压）杆上应变。
（2）探讨小刚架结构理论计算和实验结果之间差异的来源。
（3）通过实验，根据理论计算结果和实验测试结果之间的差异，谈谈自己的体会。

二、实验仪器和设备

（1）小刚架实验装置一台；
（2）YJ-4501A 静态数字电阻应变仪两台。

三、实验原理和方法

小刚架实验装置如图 4-9 所示。它由小刚架 1，定位板 2，支座 3，试验机架 4，加载系统 5，两端带万向接头的加载杆 6，加载压头（包括 $\phi 16$ 钢珠）7，加载横梁 8，载荷传感器 9 和测力仪 10 等组成。小刚架结构形式及尺寸如图 4-10 所示，均为 LY12 铝合金材料，拉（压）杆为横截面外径 $\phi 16mm$，壁厚 1mm 的铝合金管，铝合金材料的弹性模量 $E = 70GPa$。横梁上已粘贴好两组应变片，拉（压）杆上也粘贴了一组应变片。

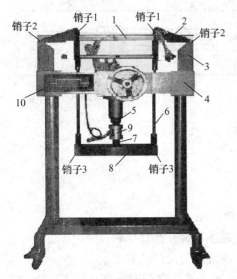

图 4-9 小刚架实验装置

实验时，通过旋转手轮，带动蜗轮丝杆运动而使小刚架受力大小发生化变，转动旋紧螺栓也可使小刚架的受力大小发生变化。该装置的加载系统作用在小刚架上力的大小通过拉压传感器由测力仪直接显示，旋紧螺栓使拉杆受力变化的大小由其上应变片组成的全桥或半桥通过应变仪显示。在小刚架横梁上的 A-A、B-B 截面，沿梁高度已各自粘贴了一组应变片，分别为 $1 \sim 5$ 号应变片和 $1^* \sim 5^*$ 号应变片，两组应变片距横梁中性层距离相同，尺寸见图 4-11；在拉杆上沿拉杆的轴向和横向共粘贴了四片应变片，见图 4-12。当拉杆不受力，小刚架受 P 力作用后，A-A 截面为纯弯曲段，B-B 截面为横力弯曲段；在同样的 P 力作用下，可通过调节旋紧螺栓，改变拉杆的受力（此时力 P 也会改变），通过应变仪可分别测得横梁纯弯曲段内 A-A 截面的应变、横力弯曲段 B-B 截面的应变以及拉杆的应变，从而由实验数据可以计算出小刚架上 A-A、B-B 截面的应力和拉杆所受的轴力。

小刚架有关尺寸：$L_1 = 620mm$，$L_2 = 300mm$，$L_3 = 350mm$，$a = 150mm$，$c = 55mm$，$H = 90mm$，拉杆外径 $\phi 16mm$，壁厚 1mm，因为拉杆两端是实心连接的，计算时拉杆长度取 L_3。

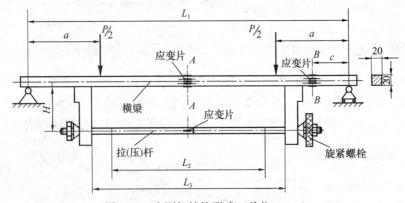

图 4-10 小刚架结构形式（单位：mm）

本实验横梁上应变片用公共接线法，接至一台应变仪上（该应变仪以下称1号应变仪），拉杆应变片按图4-12所示用全桥或半桥接线法接至另一台应变仪上（以下称2号应变仪）。

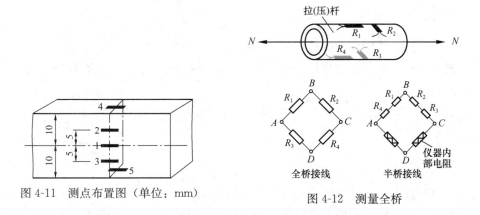

图4-11　测点布置图（单位：mm）　　　　图4-12　测量全桥

四、实验步骤

（1）接通测力仪电源，将测力仪开关置开。

（2）按实验要求，将应变片测量导线分别接至1号应变仪和2号应变仪上。

（3）检查应变仪灵敏系数是否与应变片一致，若不一致，重新设置。

（一）实验操作方案1

（1）松开旋紧螺栓，使拉杆不受力。

（2）通过旋转手轮，带动蜗轮丝杆运动，使小刚架受力达到初始值 P_0（0.2kN）。

（3）对1号应变仪上各测量点置零。

（4）继续旋转手轮，带动蜗轮丝杆运动，使小刚架受力达到 P_1 值（一般取1.2kN，最大力不超过1.5kN）。

（5）记录1号应变仪上各测点应变值。

（6）拧紧旋紧螺栓，使拉杆受力达到某一应变值（全桥不超过800微应变，半桥不超过400微应变）；拉杆应变也可分级施加（建议分二级或三级）。

（7）记录载荷 P 值和1号应变仪上各测点应变值。

（二）实验操作方案2

（1）松开旋紧螺栓，使拉杆不受力，并将2号应变仪测量通道置零。

（2）通过旋转手轮，带动蜗轮丝杆运动，使小刚架受力达到初始值 P_0（0.2kN）。

（3）对1号应变仪上各测量点置零。

（4）拧紧旋紧螺栓，使拉杆受力达到某一应变值（一般全桥在600微应变以内，半桥在300微应变以内）。

（5）记录载荷 P 值和1号应变仪上各测量点应变值。

（6）继续旋转手轮，带动蜗轮丝杆运动，使小刚架受力在 P 值基础上增加1kN。

（7）记录1号应变仪上各测量点应变值和2号应变仪的应变值。

五、实验结果的处理

（1）根据实验方案设计实验数据记录表格。

(2) 根据小刚架结构建立力学计算模型，计算 A-A、B-B 截面应力、拉（压）杆内力。

(3) 根据实验数据计算 A-A、B-B 截面应力、拉（压）杆内力。

六、讨论

(1) 探讨小刚架结构理论计算和实验结果之间差异的来源。

(2) 通过实验，对理论计算结果和实验测试结果之间的差异，谈谈自己的体会。

第三节 开口薄壁梁弯心测定实验

一、实验目的

根据开口薄壁梁上已粘贴的应变片对其进行测试，完成以下项目（或选做其中几项）。自行设计实验方案，根据实验方案确定组桥和加载方式等。

(1) 确定弯曲中心位置；

(2) 测定翼缘上下外表面中点的弯曲切应力；

(3) 测定腹板外侧面中点的弯曲切应力；

(4) 测定载荷作用于腹板中线时，翼缘上下外表面中点的扭转切应力；

(5) 测定载荷作用于腹板中线时，腹板外侧面中点的扭转切应力。

二、实验设备和仪器

(1) 开口薄壁梁实验装置见图 4-13，试件为一悬臂开口薄壁梁，如图 4-14 所示，试件尺寸参数见表 4-2；

(2) YJ-4501A 静态数字电阻应变仪。

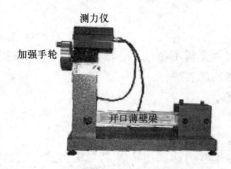

图 4-13 开口薄壁梁实验装置

	试件尺寸参数表		表 4-2
参　　数	b	h	d
尺寸（mm）	22	44	4

三、实验原理

若杆件有纵向对称平面，且横向力作用于对称平面，则杆件只可能在纵向对称平面内发生弯曲，不会有扭转变形。若横向力作用面不是纵向对称平面，即使是形心主惯性平面，杆件除弯曲变形外，还将发生扭转变形。只有当横向力通过截面某一特定点时，杆件只有弯曲变形没有扭转变形。横截面内的这一特定点称为弯曲中心，或剪切中心，简称弯心。弯心的位置可由下式确定：

$$e = \frac{h^2 b^2 t}{4 I_z}$$

本次实验就是要通过材料力学和电测原理，自行设计实验方案，根据实验方案确定组

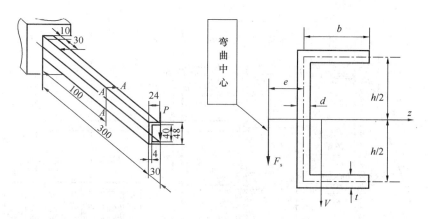

图 4-14　横截面示意图（单位：mm）

桥和加载方式等，由此来确定弯心的位置，并与理论值相比较。

四、实验报告

（1）用材料力学知识计算开口薄壁梁弯心；

（2）实验方案，实验数据，实验结果及分析；

（3）分析内容包括：完成以上各项目的测试，用哪些位置的应变片，如何组桥，应注意哪些问题；

（4）在该实验装置测定弯心，还有哪些贴片方案和组桥方式。

五、思考题

（1）确定开口薄壁弯心有何意义？

（2）开口薄壁结构如何进行强度校核？如何确定危险截面和危险点？采用实验方法能否测出危险点的主应力？

第四节　楼房模型静态应变与变形测量实验

一、实验目的

（1）模拟实际楼房在载荷作用下其弹性元件的静态应变测量过程；

（2）模拟实际楼房在载荷作用下的静变形位移测量过程；

（3）分析实验结果与理论计算结果。

二、实验仪器和设备

（1）扫频信号发生器、功率放大器、力测量仪、位移测量仪、三通道应变测量仪、机箱及电源；

（2）三层楼房模型；

（3）YE15401 非接触式激振器、CWY-DO-504 电涡流式位移传感器、CL-YB-3/100K应变力传感器。图 4-15 为楼房模型实验装置简图。

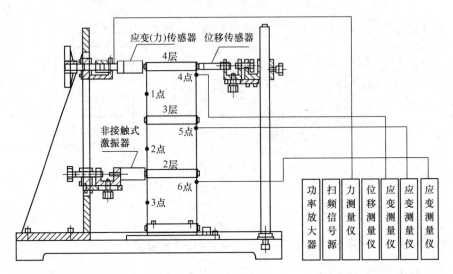

图 4-15　楼房模型实验装置简图

三、实验原理

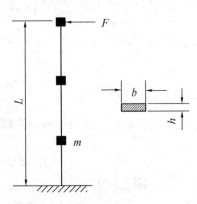

图 4-16　楼房模型简化的力学模型

三层楼房模型可简化为如图 4-16 所示的力学模型。图中集中质量 $m=5\text{kg}$，高度 $L=$ 420mm（每层高 120mm，集中质量块厚度 20mm），弹性元件由 4 根弹簧钢组成，每根簧片 $b=25\text{mm}$，$h=$ 2mm，材料弹性模量 $E=210\text{GPa}$。当在顶层质量块上作用静力 F 时，弹性元件将产生弯曲变形，并产生应力及应变。

如图 4-17 所示，在楼房模型各层弹性元件的根部和中部分别粘贴 4 片型号相同的电阻应变片，粘贴位置如图 4-18 所示。利用桥臂特性（对臂同号相加，邻臂同号相减）按照图 4-19 所示组成全桥接入应变测量仪可测出在不同静力 F_i（$i=1$、2、…、8）作用下，楼房模型各层弹性元件上的应变值 ε_{ji}（$j=1$、2、…、6）。

加静力时采用等量分级加载法加载，$F_1=10\text{N}$，$F_8=80\text{N}$，增量 $\Delta F=10\text{N}$，观察各级应变增量是否等值。对于每一测点，至少重复加载两次，每次由 F_1 到 F_8，测点 j 的应

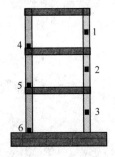

图 4-17　应变测点编号

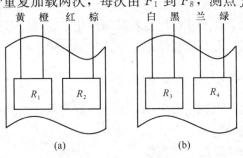

图 4-18　应变片粘贴图

（a）正面；（b）背面

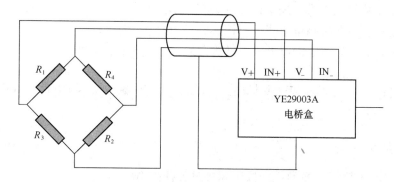

图 4-19　测量弯曲应变的电桥连接图（全桥）

变为（$\varepsilon_{j8}-\varepsilon_{j1}$）。若两次的应变值接近，求其平均值作为该点的应变值 ε_j，即

$$\varepsilon_j = \frac{1}{2}\left[(\varepsilon_{j8}-\varepsilon_{j1})_1 + (\varepsilon_{j8}-\varepsilon_{j1})_2\right]$$

在弹性范围内，由虎克定律，各点实测的应力值为：

$$\sigma_j = E\varepsilon_j$$

四、实验方法

（1）在楼房模型各层弹性元件的根部（4～6 点）或中部（1～3 点）粘贴电阻应变片，各应变片与电阻应变仪电桥盒采用半桥（或全桥）连接，并接入应变测量仪中。

（2）将非接触式电磁激振器和电涡流位移传感器用其调整机构调离开楼房模型，力传感器的探头对准楼房模型第 4 层（不接触）。

（3）打开前置器电源，力通道调平衡，应变仪各通道选择合适的增益，一般可放在"1000 倍"这一挡，检波方式置于"DC 挡"，选择桥路为"2"（半桥）或"4"（全桥），应变片灵敏度设置为"2.00"，对各通道调平衡。

（4）旋转力调整机构手轮，缓慢给楼房模型加力，力值可以从显示器上读出，先加上 50N 的力，并记下相应各点的应变值。

（5）旋转力调整机构手轮，使施加力值按一定梯度递增（100N、150N、200N），重复以上步骤，可得到一系列楼房模型弹性元件各测点应变随所加力大小变化的曲线。

五、实验报告

（1）根据要求，思考并拟定实验方案。

（2）独立完成实验，包括接线、加载、读取和记录实验原始数据等。

（3）分析内容包括：完成以上各项目的测试，用哪些位置的应变片，如何组桥，应注意哪些问题。

（4）实验数据，实验结果及分析。

六、思考题

（1）如何初步确定测力仪施加载荷的上限？

(2) 比较实验测试结果与理论计算结果有何不同？分析存在不同的原因。

(3) 采用不同的电桥测量方式，对该实验结果有何影响？

(4) 集中质量块有一定的厚度，对计算及测量结果有何影响？

第五节 梁-桁架结构在不同约束条件下的内力测定

一、实验目的

(1) 测定梁-桁架混合模型在铰接、固接时各杆内力；

(2) 有初始装配应力时梁-桁架混合模型各杆内力的测定；

(3) 分析实验结果与理论计算结果。

二、实验装置和仪器

(1) 实验台架；

(2) 力传感器；

(3) SCLY-Ⅱ数字式测力仪；

(4) JDY-Ⅲ型静态电阻应变仪。

三、实验原理和方法

梁-桁架结构在工程实际中有着广泛的应用，其强度、刚度、稳定性要满足一定的要求。在理论设计时，一般把梁-桁架结构中的固接约束按照铰接约束处理，这就需要通过实验来测试固接、铰接约束以及有装配应力时梁-桁架各杆的内力情况，从而分析用铰接代替固接在实际中的可行性以及误差的大小，以便为理论设计提供依据。

图 4-20 为 NPU-1627 梁-桁架实验装置实物照片，图 4-21 为其结构示意图。梁和桁架的材料选用硬铝合金，其截面为矩形截面。将梁放置在圆柱上，可看成与装置支架铰支连接；通过加力装置将力作用在梁的中心位置，力的大小可通过加力手轮调节，测力仪数字显示；梁-桁架的约束形式可通过旋紧或松开固、铰接螺栓来改变，装配应力大小可通过装配应力调节手轮的松紧来调节；在梁和各杆上粘贴有电阻应变片，接入电阻应变仪并通过不同的组桥方式可测量其在不同约束条件下的应力大

图 4-20　NPU-1627 梁-桁架实验装置

小，从而计算出其内力。

图 4-21 中梁和各杆具体尺寸如下：

(1) 梁

➢ 外形尺寸：700mm×6mm×40mm；

➢ 材料：LY12CZ，$E=70\text{GPa}$；

➢ 两支撑点距离：650mm；

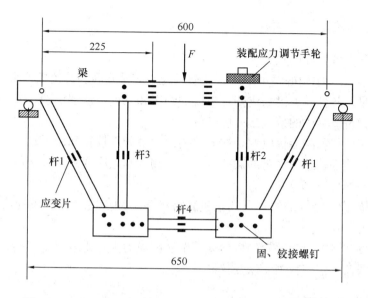

图 4-21　NPU-1627 梁-桁架实验装置结构示意图（单位：mm）

➢ 两杆 1 铰接点距离：600mm；

➢ 杆 1 与杆 2（杆 3）固（铰）接点距离：150mm；

➢ 贴片点距杆 1 铰接点距离：225mm；

➢ 力作用点与支撑点距离：325mm；

➢ 贴片位置如图 4-22 所示。

（2）杆 1

➢ 贴片截面尺寸：6mm×10mm；材料为 LY12CZ，E＝70GPa；

➢ 贴片位置：杆中间，每面 2 片；

➢ 外孔距离：288.17mm；

➢ 下端两孔距离：30.0mm。

（3）杆 2、杆 3

➢ 外孔距离：276.0mm；

➢ 内孔距离：216.0mm。

（4）杆 4

➢ 外孔距离：250.0mm；

➢ 内孔距离：190.0mm。

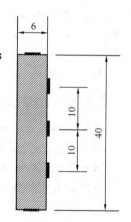

图 4-22　梁贴片图（mm）

材料在比例极限范围内，应力和应变呈线性关系，即

$$\sigma = E\varepsilon_i$$

比例系数 E 为材料的弹性模量，设杆件的初始横截面面积为 A_{oi}，其内力 F_{ni} 为：

$$F_{ni} = \sigma A_{oi} = EA_{oi}\varepsilon_i$$

材料的弹性模量和杆件的初始横截面面积已知，可通过实验的方法测定梁-桁架混合模型在铰接、固接和有装配应力时各杆的内力。

实验时，不同约束条件下各杆的内力比较应在同一载荷下进行；应变片的组桥可以是单臂桥或者半桥。

四、实验步骤

(1) 测量梁和各杆件的相关尺寸；

(2) 确定梁-桁架结构的约束形式，并通过旋紧或松开固、铰接螺栓来实现；

(3) 根据梁、各杆件上已贴应变片引线的编组和颜色，仔细识别引线与应变片的对应关系，按照单臂桥或半桥的接法接入应变仪；

(4) 接通应变仪和测力仪电源，按照使用说明书分别校正和调零；

(5) 通过加载手轮施加一定的载荷，逐点检测各测点应变片的应变值；

(6) 求出各测点应力及其内力；

(7) 改变梁-桁架结构的约束形式，重新检测各个测点应变片的应变值，并求出各测点应力及其内力；

(8) 通过旋转装配应力手轮的松紧来调节装配应力大小重复以上实验；

(9) 卸去载荷，检查数据，恢复仪器。

五、实验结果处理

本实验为研究创新型实验，学生可根据所学理论知识和自己对实验的理解整理实验数据，并进行数据和误差分析与讨论，写出小论文形式的实验报告。

六、注意事项

(1) 加力要缓慢，避免冲击；

(2) 注意保护贴在试件上的电阻应变片和导线。

七、思考题

(1) 各测点内力的理论值与实测值有何差异？原因是什么？

(2) 结构对称的点为何测量值也有差异？

(3) 固接和铰接对各杆的应变值有何影响？在理论计算时能否用铰接代替固接？

(4) 装配应力对各杆的应变值有何影响？

附注：本实验装置应变片灵敏度系数 $K=2.19$。建议初始载荷：200N，最大载荷：1700N，载荷递增梯度：500N。

第六节　电测法测定动荷系数实验

在工程实践中经常会遇到动载荷问题，在动载荷作用下构件各点的应力应变与静载荷作用有很大的不同。按照加载速度的不同，动载荷形式也不同，在极短的时间内以很大的速度作用在构件上的载荷，称为冲击载荷，它是一种常见的动载荷形式。由冲击载荷作用而产生的应力称为冲击应力，它比静应力大得多。因此，对于锻造、冲击、凿岩等承受冲击力的构件，是设计中应考虑的主要问题。

一、实验目的

（1）运用实验的方法测定冲击应力及动荷系数。

（2）了解动应力的电测原理、方法及仪器使用，动态电阻应变仪和数据采集系统的使用方法和动态测量数据的分析方法。

（3）测定落锤冲击悬臂梁的动荷系数，学习动态测量数据的分析方法。

二、实验设备

（1）数据采集系统；

（2）动态电阻应变仪；

（3）等强度梁或简支梁及重物冲击试验装置；

（4）游标卡尺和卷尺。

三、实验原理及装置

本试验采用等强度梁或矩形截面简支梁，如图 4-23 和图 4-24 所示，在等强度梁端部或简支梁中央受到重物 m 在高度 H 处自由落下的冲击作用。

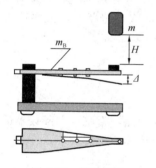

图 4-23　等强度梁

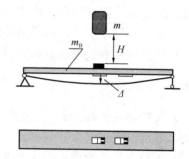

图 4-24　矩形截面简支梁

由理论可知发生冲击弯曲时，最大动应力按下式确定：

$$\sigma_{dmax} = K_d \sigma_{stmax}$$

其中，动荷系数为 K_d。若不计梁的质量，则

$$K_d = 1 + \sqrt{1 + \frac{2H}{\Delta_{st}}}$$

若考虑梁的质量，则有

$$K_d = 1 + \sqrt{1 + \frac{2H}{\Delta_{st}(1 + \alpha\beta)}}$$

$$\beta = \frac{m_B}{m}$$

式中　　H——冲击物下落高度；

　　　　Δ_{st}——受冲击梁在等值静载作用下的挠度；

　　　　m——冲击物的质量；

　　　　m_B——被冲击试样的质量。

受冲击梁为等强度梁时取 $\alpha=0.066667$；受冲击梁为简支梁时取 $\alpha=0.4857$。

在等强度梁或简支梁上下表面贴上互为补偿的 2 片（或 4 片）应变片，用导线接入动态应变仪及计算机数据采集系统。将重物 m 静止放在梁上可测得同一点的静应变 ε_{st}，重物从 H 高度落下冲击简支梁（或等强度梁）时，测点的动应变 ε_{dmax} 将通过动态应变仪及数字示波器记录下来。

动荷系数实测值为：

$$K_{d实} = \frac{\varepsilon_{dmax}}{\varepsilon_{st}}$$

四、实验步骤

（1）记录等强度梁或简支梁的几何尺寸及材料的弹性模量，测量重物质量。

（2）连接导线，将梁上应变计按半桥接法接入接线盒，然后将接线盒接入动态电阻应变仪的输入插座。将动态电阻应变仪的输出端接入数字示波器。按照动态电阻应变仪和数字示波器的操作规程，设置好各项参数。

（3）进行应变标定：桥路调平衡后，由应变仪给出标定信号，记录数字示波器或数据采集系统的测量值。

（4）将重物放置在试验梁预定的位置上，测量在重物作用下试验梁的静应变输出。

（5）将重物放置在预定的冲击高度 H 位置并选择适当的缓冲垫厚度，突然放下重物冲击试验梁，测量在重物作用下试验梁的动应变输出。

（6）计算动荷系数理论值和实验值并比较两者的偏差。

五、注意事项

（1）实验前应检查应变片及接线，不得有松动、断线或短路，否则会引起仪器的严重不平衡，输出电流过大而导致示波器受损。测量静应变时，重物要缓慢放下；

（2）实验中，严禁将手伸入重物以下位置；

（3）记录数字示波器或数据采集系统各项参数应严格按规定操作，根据采样波形及冲击脉宽适当加以调整。

六、实验报告要求

（1）根据要求，思考并拟定实验方案。

（2）独立完成实验，包括接线、冲击、读取和记录实验原始数据等。

（3）分析内容包括：完成以上各项目的测试，用哪些位置的应变片，如何组桥，应注意哪些问题？

（4）试验数据，试验结果及分析。

第七节　等强度梁应变测定及桥路变换接线实验

一、实验目的

（1）了解用电阻应变片测量应变的原理；掌握电阻应变仪的使用。

（2）测定等强度梁上已粘贴应变片处的应变，验证等强度梁各横截面上应变（应力）相等。掌握应变片在测量电桥中的各种接线方法。

二、实验仪器和设备

（1）YJ-4501A/SZ 静态数字电阻应变仪；
（2）等强度梁实验装置 1 台；
（3）温度补偿块 1 块。

三、实验原理和方法

等强度梁实验装置如图 4-25 所示，图中 1 为等强度梁座体，2 为等强度梁，3 为等强度梁上下表面粘贴的 4 片应变片，4 为加载砝码（有 5 个砝码，每个 200g），5 为水平调节螺栓，6 为水平仪，7 为磁性表座和百分表。等强度梁的变形由砝码加载产生。等强度梁材料为高强度铝合金，其弹性模量 $E = 70\text{GN/m}^2$。等强度梁尺寸如图 4-26 所示。

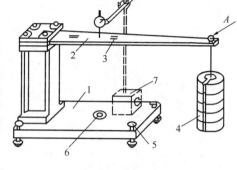

图 4-25 等强度梁实验装置

若在 4 个桥臂上接入规格相同的电阻应变

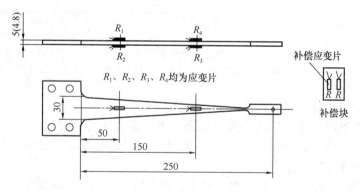

图 4-26 等强度梁测点布置及尺寸（mm）

片，它们的电阻值为 R，灵敏系数为 K。当构件变形后，各桥臂电阻的变化分别为 ΔR_1、ΔR_2、ΔR_3、ΔR_4，它们所感受的应变相应为 ε_1、ε_2、ε_3、ε_4，则 BD 端的输出电压 U_{BD} 为：

$$U_{BD} = \frac{U_{AC}}{4}\left(\frac{\Delta R_1}{R} - \frac{\Delta R_2}{R} - \frac{\Delta R_3}{R} + \frac{\Delta R_4}{R}\right) = \frac{U_{AC}K}{4}(\varepsilon_1 - \varepsilon_2 - \varepsilon_3 + \varepsilon_4) = \frac{U_{AC}K}{4}\varepsilon_d$$

由此可得应变仪的读数应变为：

$$\varepsilon_d = \varepsilon_1 - \varepsilon_2 - \varepsilon_3 + \varepsilon_4$$

在实验中采用了 6 种不同的桥路接线方法，等强度梁上应变测定已包含在其中。桥路接线方法实验的读数应变与被测点应变间的关系均可按上式进行分析。

四、实验内容

(1) 单臂（多点）半桥测量

1) 本方法采用半桥接线法。将等强度梁上 4 个应变片分别接在应变仪背面 1～4 通道的接线柱 A、B 上，补偿块上的应变片（补偿片）接在接线柱 B、C 上（图 4-27），应变仪具体使用方法详见应变仪使用说明。

2) 载荷为零时，按顺序将应变仪每个通道的初始显示应变置零，然后按每级 200g 逐级加载至 1000g，记录各级载荷作用下的应变读数。

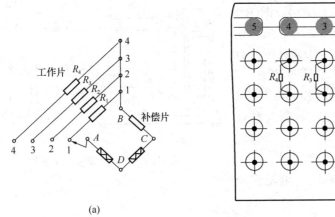
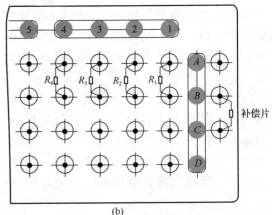

(a)　　　　　　　　　　　　　(b)

图 4-27　多点测量接法

(a) 电桥多点接线原理；(b) 应变仪上多点测量接法

(2) 双臂半桥测量

本方法采用半桥接线法。取等强度梁上、下表面各 1 片应变片，在应变仪上选一通道，按图 4-28 (a) 接至接线柱 A、B 和 B、C 上，然后进行实验，实验步骤同 (1)。

(3) 相对两臂全桥测量

本方法采用全桥接线法。取等强度梁上表面（或下表面）2 片应变片，在应变仪上选一通道，按图 4-28 (b) 接至接线柱 A、B 和 C 、D 上，再把 2 个补偿应变片接到 B、C 和 A、D 上，然后进行实验，实验步骤同 (1)。

(4) 四臂全桥测量

本方法采用全桥接线法。取等强度梁上的 4 片应变片，在应变仪上选一通道按图 4-28 (c) 接至接线柱 A、B、C、D 上，然后进行实验，实验步骤同 (1)。

(5) 串联双臂半桥测量

本方法采用半桥接线法。取等强度梁上 4 片应变片，在应变仪上选一通道，按图 4-28 (d) 串联后接至接线柱 A、B 和 B、C 上，然后进行实验，实验步骤同 (1)。

(6) 并联双臂半桥测量

本方法采用半桥接线法。取等强度梁上 4 片应变片，在应变仪上选一通道，按图 4-28 (e) 并联后接至接线柱 A、B 和 B、C 上，然后进行实验，实验步骤同 (1)。

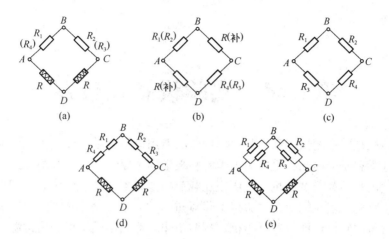

图 4-28　桥路变换接线

五、实验结果的处理

（1）计算出以上各种测量方法，ΔP 所引起的应变的平均值 $\Delta \varepsilon_{均}$，并计算它们与理论应变值的相对误差。

（2）比较各种测量方法下的测量灵敏度。

（3）比较单臂多点测量实验值，理论上等强度梁各横截面上应变（应力）应相等。

六、思考题

（1）分析各种测量方法中温度补偿的实现方法。

（2）采用串联或并联测量方法能否提高测量灵敏度？

第五章 实验设备及仪器

材料试验机是用来测试工程材料力学性能的专用设备，其功能是给试样加载，不仅广泛用于材料性质和质量检测，也成为力学实验教学的主要设备。根据施加载荷的性质可分为静载荷试验机和动载荷试验机；按照施加载荷的方式不同可分为拉力、压力、扭转、冲击、疲劳等试验机；若在同一台试验机上可以进行拉伸、压缩、弯曲、剪切等多种试验，则称为万能材料试验机，即万能试验机；按照工作环境的不同又可分为常温、高温和低温试验机。试验机的加载控制方式分为载荷、位移和应变三种形式，有开环控制和闭环控制之分。随着力学实验的发展和科技水平的提高，计算机控制的电子万能试验机和液压伺服试验机在不断扩大其使用范围，大大提高了实验水平和精度。

试验机的种类虽然很多，但都是由两个基本部分组成：加载系统和测量系统。测量系统还包括了绘图装置。根据国家统一规定，要求试验机载荷的示值误差在±1%以内，且试验机在使用一定时间后，都要进行合格检定，不合格就必须进行检修。

这里主要介绍配置比较普遍、与力学实验教学密切相关的材料万能试验机和材料扭转试验机，以常见型号为主，新老设备兼顾。冲击试验机和疲劳试验机第四章已有介绍，本章不再赘述。

第一节 液压摆式万能试验机

液压摆式万能试验机是一种靠油压进行加力的设备。根据液压缸活塞所处位置不同可分为下置式和上置式两种结构形式。上置式是最普遍的在用机型，它的液压缸活塞在主机顶部，工作时中间工作台向上移动，压缩时试件在其上方，拉伸时试件在其下方。下置式是较新型的试验机，它的液压缸活塞在主机底部，工作时下横梁固定不动，压缩时试件在其下方，拉伸时试件在其上方。两种形式试验机的工作原理相同、操作方式相同。现以下置式液压摆式万能试验机为例介绍液压试验机的结构原理和操作方法。图 5-1（a）是液压式万能试验机的外形，图 5-1（b）是液压式万能试验机的原理示意图。

该机为 WE 系列试验机，能给试件（或模型）施加的最大载荷通常为 50kN、100kN、300kN、600kN、1000kN 和 2000kN 等多种，能兼作拉伸、压缩、剪切和弯曲等多种试验并广泛应用于材料试验中。其组成结构可分为四大部分，即加载部分、测力部分、自动绘图器和操作面板。

一、构造原理

1. 加载部分

在机器底座 1 上，装有两个固定立柱 5，它支承着大横梁 14 和工作油缸 16。开动电动机 36，带动油泵 35，将油液从油箱 34 吸入工作油泵，经油泵的出油管送到进油阀 32

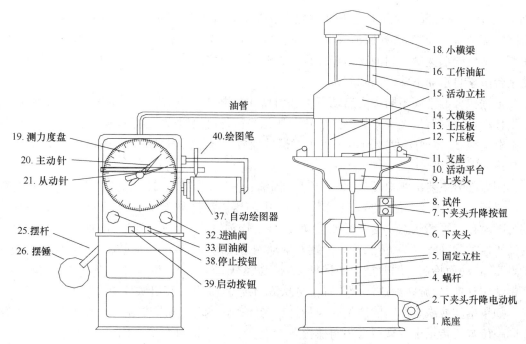

（a）液压式万能试验机外形图

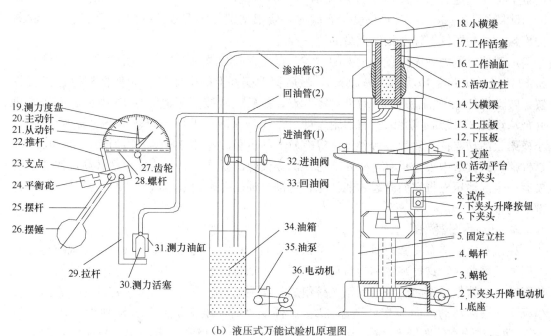

（b）液压式万能试验机原理图

图 5-1　液压式万能试验机外形图和原理

内，当进油阀 32 打开时，油液经进油管（1）进入工作油缸 16 内，通过油压推动工作活塞 17，由活塞顶起小横梁 18，再由小横梁 18 带动活动立柱 15 和活动平台 10 上升。若将试件两端装在上下夹头 9、6 中，因下夹头 6 固定不动，当活动平台 10 上升时，试件便受到拉力。若把试件放在活动平台的下压板 12 上，当活动平台 10 上升时，由于上压板 13 固定不动，试件与上压板 13 接触后，便受到压力，产生压缩变形。把弯曲试件放在两支座 11 上，当试件随活动平台上升并碰到上夹头后，便产生弯曲变形。一般试验机在输油管路中都装有进油阀 32 和回油阀 33。进油阀用于加载，控制进入工作油缸中的油量，以便调节试件变形速度。回油阀用于卸载，打开时，可将工作油缸中的压力油流回油箱，活动平台由于自重而下落，回到原始位置。

根据拉伸的空间不同，可启动下夹头升降电动机 2，转动底座中的蜗轮 3，使蜗杆 4 上下移动，以调节下夹头 6 的升降位置。注意当试件已夹紧或受力后，不能再启动下夹头升降电动机 2。否则，就要造成下夹头对试件加载，以致损伤机件，烧毁电机。

2. 测力部分

测力部分主要由测力度盘 19、指针、回油管（2）、测力油缸 31、工作油缸 16、摆锤 26、拉杆 29 等组成。加载时，工作油缸 16 中的压力油推动工作活塞 17 的力与试件所受的力随时处于平衡状态。由于回油管（2）将工作油缸 16 和测力油缸 31 连通，工作油缸内油压通过回油管（2）传到测力油缸并推动测力活塞 30 向下。通过拉杆 29 使摆锤 26 绕支点 23 转动而抬起，同时摆上的推杆 22 推动螺杆 28，螺杆 28 又推动齿轮 27，齿轮 27 又带动主动针 20 旋转。这样操作者便可从测力度盘 19 上，读出试件受力的大小。

如果增加或减少摆锤的质量，当指针旋转同一角度时，所需的油压也就不同。即指针在同一位置所指示出的载荷大小与摆锤重量有关。一般试机有 A、B、C 三种锤重，测力度盘上也相应地有三种刻度，分别表示三种测力范围。例如 300kN 万能机有 0～60kN、0～150kN 和 0～300kN 三种刻度。实验时，要根据试件所需载荷的大小，选择合适的测力度盘，并在摆杆上挂上相应重量的摆锤即可。

加载前，测力针应指在度盘上的"零"点，否则必须加以调整。调整时，先启动电动机 36，将活动平台 10 升起 5～10mm，然后移动摆杆上的平衡砣 24，使摆杆保持铅直位置。转动螺杆 28 使主动针 20 对准"零"点，然后轻轻按下测力度盘 19 中央的弹簧按钮并把从动针 21 拨到主动针 20 右边附近即可。先升起活动平台才调整零点的原因是活塞、小横梁、活动立柱、活动平台和试件等有较大的重量。这部分重量必须消除，不应反映到试件荷载的读数中去，只有这样才能避免测力读数的误差。而要消除自重必须工作油缸里要有一定的油压先将它们升起才能消除，这部分油压并未用来给试件加载，只是消除升起部分的重量。

3. 自动绘图器

在试验机上连有一套附属装置，可以在实验过程中，自动地画出试件所受载荷与变形之间的关系曲线，这种装置称为自动绘图器。自动绘图器 37 装在测力度盘 19 的右边，由绘图笔、导轨架、滚筒、擎线和坠砣等组成。绘图纸卷在滚筒上，水平螺杆运动方向为力坐标 P，滚筒转动方向为变形坐标 ΔL。试件受力时，绘图笔便会自动地把拉伸图（P-ΔL）曲线描绘在绘图纸上。由于线图的精确度较差，所以它绘出的图形只能作定性的示范，不能作为定量分析。

4. 操作面板

该部分主要由进油阀 32、回油阀 33、启动按钮 39、停止按钮 38、电源开关等组成。进油阀的作用是将油箱里的油送至工作油缸。进油阀门开得大，表示压力油送到工作油缸里的速度快，也就说明试件受力大，变形快。实验时要严格控制进油阀门的大小，保证荷载指针均匀地转动。回油阀的作用主要是使试件卸载，实验完毕后，须打开回油阀，使工作油缸里的油流回油箱。

二、操作规程及注意事项

（1）检查机器：检查试件夹头形式和尺寸是否与试件相配合；各保险开关是否有效；自动绘图器是否正常；进油阀与回油阀是否关紧。

（2）选择度盘：根据试件的大小估计所需的最大载荷，选择适当的测力度盘。配置相应的摆锤，调节好回油缓冲器。

（3）指针调零：打开电源，开动油泵电动机，检查机器运转是否正常。关闭回油阀，拧开进油阀，缓慢进油。当活动平台上升少许（约10mm）后，便关闭进油阀。移动平衡砣使摆杆保持垂直。然后调整指针指零。

（4）安装试件：做压缩试验时必须保持试件中心受力，将试件放在下夹板的中心位置。安装拉伸试件时，须开动下夹头的升降电动机，调整下夹头位置，夹头应夹住试件全部头部。试件夹紧后，不得再开动下夹头升降电机，否则要烧坏电机。

（5）进行试验：启动油泵电动机，操纵进油阀。注视测力度盘，慢速加载。由专人负责操纵机器，坚守岗位，如发生机器声音异常，立即停机。

（6）还原工作：试验完毕，关闭进油阀，打开液压夹具，取下试件。拧开回油阀，缓慢回油，将活动平台回到初始位置，将一切机构复原，停机。

第二节　电子万能试验机

电子万能试验机是机械技术、传感器技术、电子测量技术、控制与数据处理技术相结合的新型万能试验机，其突出特点是具有准确的加载速度和测力范围，实验过程可由计算机控制，能自动、精确地测量、控制和显示试验力、位移和变形，也有低周循环载荷、循环变形和循环位移的功能。但就加载方式而言，属于机械式。电子万能试验机一般为门式框架结构，从试验空间上又分为单空间试验机（拉伸试验和压缩试验在一个空间进行）和双空间试验机（拉伸试验和压缩试验分别在两个空间进行）。目前，电子万能试验机的型号繁多，形式多样，结构也不尽相同。但各类电子万能试验机的工作原理和操作方法都基本相同。现以我国生产的 DDL100 系列试验机为例进行简要介绍，其外形及构造原理如图 5-2 所示。

DDL100 电子万能试验机由主机、计算机、打印机及板卡测量控制系统四大部分组成（图 5-2）。

一、加载系统

加载系统包括上横梁、4 根立柱和工作台板，其共同组成门式框架。活动横梁将门式框架分成拉、压（或弯曲）两个实验空间。拉伸夹具安装在活动横梁与上横梁之间，压缩和弯曲夹具安装在活动横梁与工作台板之间。两丝杠穿过动横梁两端并安装在上横梁与工作台板之间。试样装夹在工作台与活动横梁之间。驱动控制单元发出指令，伺服直流电动机驱动齿轮箱带动滚珠丝杠转动，使活动横梁上下移动，给试样施加载荷。

测量控制系统负责数据测量与实验控制。数据测量包括荷载测量、试件变形测量和活

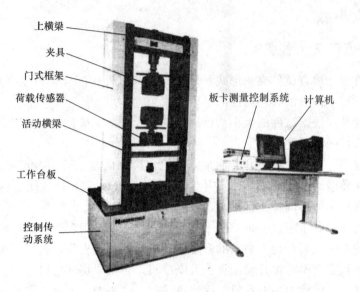

图 5-2　DDL100 电子万能试验机组成图

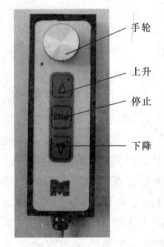

图 5-3　手控盒

动横梁的位移测量三部分，试样受力变形时通过负荷传感器、引申计把机械量转变为电压信号，直接在显示屏上以数字量显示实验力、试样变形和横梁位移，并自动绘出实验力-变形曲线或实验力-位移曲线。实验时可控制活动横梁升降、速度快慢、急停等，由手控盒和电脑分别控制。手控盒外形如图 5-3 所示，手轮可进行速度调整，上升、下降按钮控制活动横梁移动方向。

二、测量系统

TestExpert. NET 软件是电子万能、电液伺服等试验机的通用实验程序，通过与测量控制系统进行通信实现对实验过程的控制和数据采集。其主界面包括实验操作、方法定义、数据处理。具体使用及功能说明如下。

（1）实验操作界面：开启计算机，双击桌面上"TestExpert. NET"图标可直接进入实验操作界面（图 5-4）。本界面右上侧区域的输入表用于显示、编辑各种参数，实验状态下本区域用于绘制实时曲线；左侧为一组实验按钮，用于实验控制，各按钮的功能如图 5-4 所示；下侧为各通道显示窗口，可实时显示实验过程中的荷载、位移、变形、应力等。

（2）方法定义界面：本界面包含了基本设置、设备及通道、控制与采集三个子界面。其中，基本设置界面可以设置方法类型（拉伸、压缩、弯曲等）、是否按标准修约、试样截面形状和尺寸、选择计算项目、计算方法、复查曲线设置、打印文档、报告标题、是否统计等，如图 5-5 所示；设备及通道界面可以设置设备参数，是否使用引申计以及引申计的参数设计，设置通道参数等；控制与采集界面可以设置实验速度、系统清零、调节间隙预负荷、断裂检测、激活返回、设置通道显示窗口及实时曲线。

（3）数据处理界面：本界面用于实验完成后查询、查看、修改、计算、删除、存储、

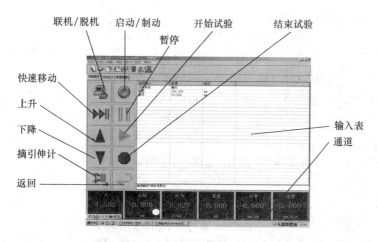

图 5-4　TestExpert. NET 操作界面

打印、导入或导出数据。数据处理界面又包含查询、数据两个子界面。查询界面可以选择各种查询方式，如创建时间、访问时间、操作者、实验类型、试样形状、报告标题等（图 5-6）。查询后在左侧列表框中列出查询的实验数据名；打开一组数据后，程序进入数据界面（图 5-7），本界面可查看实验结果，并可修改、重新计算实验结果。

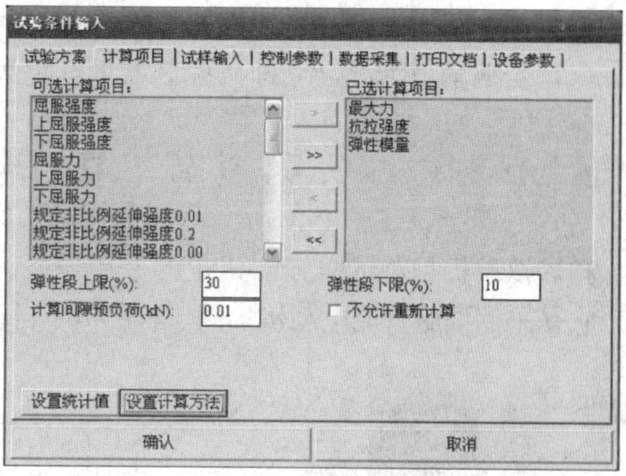

图 5-5　基本设置界面

三、操作步骤

（1）调整好位移行程限位保护装置，以保证活动横梁不与上横梁或工作台触碰。打开计算机、控制器的电源开关，面板上有关仪表和指示灯亮。一般要求预热 10min 以上再开机实验。

（2）双击桌面上"TestExpert. NET"图标可直接进入实验操作界面，分别单击联

图 5-6　查询界面

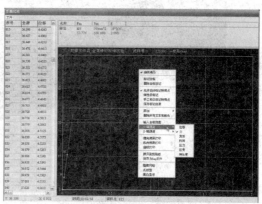

图 5-7　数据界面

机、启动按钮，伺服电动机通电。

（3）安装试样。对于拉伸试样，头部插入夹具两夹块之间，夹持长度应不小于夹块的3/4，以防止损坏夹具，按照夹具上箭头方向旋转手柄夹紧试样。对压缩或弯曲试验，换上指定夹具，把试样放正即可。根据需要，可调节活动横梁至适当位置。

（4）由于电器初始化的原因，开机、关机时要注意顺序。开机顺序为：试验机—计算机—打印机；关机顺序为：试验机—打印机—计算机。

（5）实验过程中若出现异常情况，应迅速按急停按钮，查找原因。

（6）实验完毕，一切恢复初始状态。切断总电源。

四、注意事项

（1）忌用高速驱动加载，以避免造成试样、仪表接触试验机损坏。

（2）开机前要把活动横梁的位置限制器调到合适位置，保证起到保护限位作用。

（3）手控盒上的按键只是为了空载时调节活动横梁的位置，以便于装夹试件，使用完毕切记关掉电源。加载只能用实验操作界面上的操作按钮。

（4）若遇紧急情况，立即按控制器上红色大按钮紧急停机。

第三节　扭　转　试　验　机

扭转试验机是对试样施加扭矩的专用设备。目前国内普通使用的是 NJ 系列扭转试验机，它是采用伺服直流电动机加载、杠杆电子自动平衡测力和可控硅无级调速控制加载速度，具有正反向加载、精度较高、速度宽广等优点。其外形如图 5-8 所示。最大扭矩 1000N·m，有 4 个量程，分别是 0～100N·m、0～200N·m、0～500N·m、0～1000N·m。加载速度为 0°～36°/min 和 0°～360°/min 两挡，工作空间 650mm。其主要由加载部分、测力部分、自动绘图器和操作面板 4 部分组成。

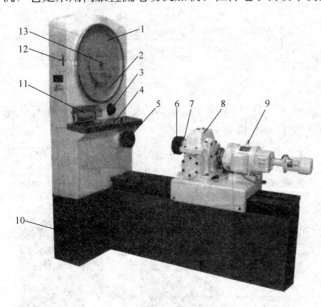

图 5-8　扭转试验机外形图

1—度盘；2—指针；3—量程选择旋钮；4—操作面板；
5—固定夹头；6—活动夹头；7—刻度环；8—减速箱；
9—直流电机；10—机座；11—自动绘图器；
12—调零微调旋钮；13—从动针拨动按钮

一、加载及操作面板部分

加载部分如图 5-8 所示，主要由直流电机 9、减速箱 8 和活动夹头 6 组成。加载机构由 6 个滚珠轴承支承在机座的导轨上，可以左右滑动。加载时，打开电源开关，直流电机 9 转动，通过减速箱 8 的两级减速，带动活动夹头 6 转动，从而对安装在活动夹头 6 和固定夹头

5 之间的试件施加扭矩。

操作面板的放大图见图 5-9。面板上 10 为电源开关。正、反转、停止按钮 7 （1 组 3 个按钮），可控制试验机的正、反向加载和停机。加载速度由快、慢挡变速开关 4 换挡、用调速电位器 6 调节。

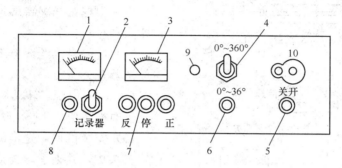

图 5-9 扭转试验机的操作面板

1—电流表；2—记录器；3—速度表；4—快、慢挡变速开关；5—电源指示灯；6—调速电位器；

7—正、反转、停止按钮；8—记录器指示灯；9—复位按钮；10—电源开关

二、测力部分

测力机构为杠杆电子自动平衡系统，如图 5-10 所示。当试件受扭后，扭矩由固定夹头 4 传递给测力系统。电动机正向转动使杠杆 15 逆时针转动，通过 A 点将力传递给变支点杠杆 29；电动机反向转动则杠杆 15 顺时针转动，通过 C 点将力传递给变支点杠杆 29。拉杆 6 上的拉力 F 通过刀口 D 作用在杠杆 11 的左端。杠杆 11 绕 B 支点转动使右端翘起，推动差动变压器铁芯 10 移动，发出一个电信号，经放大器 24 使伺服电动机 23 转动，带动钢丝 9 拉动游砣 21 水平移动，当游砣移动，以 B 为支点的力矩达到平衡 $Q \times S = F \times r$ 时，杠杆 11 又恢复到水平状态，差动变压器的铁芯也恢复零位。这时差动变压器无信号输出，伺服电动机 23 停止转动。由此可见，扭矩大小与游砣的移动距离 S 成正比，与拉动载荷 F 成正比。钢丝 9 带动滑轮 22 旋转，从而使指针 8 偏转，偏转角度与游砣位移 S 成正比。经过生产厂家专业标定，指针便可在示力度盘上指示出扭矩的具体数值。

若需要变换示力度盘，转动量程选择旋钮 16，经过链条 5 和锥齿轮 14 带动凸齿轮 28 旋转，使凸齿轮轴上的不同凸齿与变支点杠杆 29 上的不同支点接触，这样便可改变变支点杠杆 29 上力臂比例，达到了变换测力矩范围的目的。

三、自动绘图器

对于扭转实验，要记录扭矩 M 和扭转角 Φ 曲线，即 M-Φ 曲线。绘图器由绘图笔 19 和滚筒 25 等组成。绘图笔水平移动量表示扭矩大小，在滑轮 22 带动指针转动的同时，又带动钢丝 20 使绘图笔水平移动。绘图滚筒的转动表示活动夹头 3 的绝对转角，它是由自整角发送机 2 给出转动信号，经放大器 13 放大后输给伺服电动机 26 和自整角变压器 17，从而使绘图筒转动。其转动量与试件的转角成正比。这样就会自动绘制出扭矩-转角 (M-Φ) 曲线。

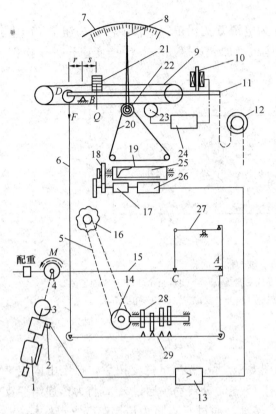

图 5-10　测力系统示意图

1—直流电动机；2—自整角发送机；3、4—夹头；5—链条；6—拉杆；7—度盘；8—指针；9、20—钢丝；10—差动变速器铁芯；11、15、27—杠杆；12—调零旋钮；13、24—放大器；14—锥齿轮；16—量程选择旋钮；17—自整角变压器；18—传动齿轮；19—绘图笔；21—游砣；22—滑轮；23、26—伺服电动机；25—滚筒；28—凸齿轮；29—变支点杠杆

四、操作步骤

（1）估算实验所需要的最大扭矩，选择合适的量程。

（2）根据试样夹持端形状，选择合适的钳口和衬套。

（3）装好自动绘图器上纸和笔，并打开绘图器开关。

（4）打开电源，转动调零旋钮 12，使主动针对准零点，并把从动针拨至零位。

（5）安装试件，先将试件的一端插入固定夹头中，并夹紧。调整加载机构水平移动，使试件的另一端插入活动夹头中后再夹紧。

（6）正式加载实验。根据需要将加载开关上的正转或反转按钮按下，逐渐调节变速电位器，使直流电动机转动对试件施加扭矩。

（7）实验完毕，立即停机，取下试件，机器复原并清理现场。

五、注意事项

（1）开机前要把调速电位器左旋到零点，以防开机时产生冲击力矩而损坏试验机零部件。

（2）要在停机状态下，扳动快、慢挡变速开关进行变速。

（3）施加扭矩后，禁止转动量程选择旋钮。

（4）实验要注意安全，避免衣物被试验机拉扯环绕。

第四节　数显式扭转试验机

数显式扭转试验机是电子技术与机械传动相结合的新型试验机。它对力矩、角度的测量和控制有较高的精度和灵敏度，具有量程范围大，数字显示直观准确，操作方便等特点。现以 NJS-01 型数显扭转试验机为例，说明数显扭转试验机的结构、工作原理及使用方法。如图 5-11 所示为 NJS-01 型数显扭转试验机外形图。

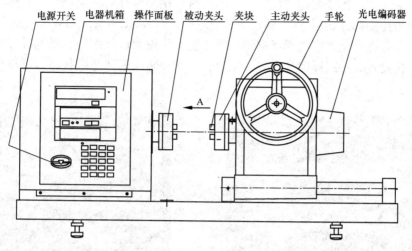

图 5-11 NJS-01 型数显扭转试验机

一、结构组成

本试验机由机械加力、传感器扭矩检测、光电编码器转角检测、数字显示、机座等部分组成。试验机的原理方框图如图 5-12 所示。

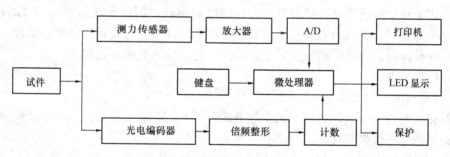

图 5-12 试验机原理方框图

二、工作原理

摇动手轮通过蜗轮蜗杆传动带动主动夹头对试样进行扭转实验，扭矩传感器受力后产生电信号并送入测量放大器放大，进入 A/D 转换器产生数字信号，将此数字信号送入微处理器进行相应的数据处理，其结果由 LED 显示或微型打印机打印；另外，试样的变形信号由光电编码器输出，进行倍频整形，计数处理，送入微处理器，然后与试验扭矩信号对应起来，使试验机具有自动检测、手动检测以及试验结束后可选择查询或打印当次实验结果的功能。

三、使用操作

（1）操作面板功能简介

操作面板显示部分如图 5-13 所示，包括转角显示、扭矩显示窗和刚度显示窗口。转角清零键：用于角度清零；扭矩清零键：用于扭矩清零；扭矩峰值键：按下此键，实验时显示扭矩的最大值，再按此键峰值取消；检测键：用于选择自动检测或手动检测。

操作面板控制部分如图5-14所示。正向/反向键：被动夹头顺时针受力时，选择正向键，红色指示灯亮，反之应选择反向键；设置键：可设置试样序号、操作者工号，按如下步骤进行：按设置n→试样序号××→工号：××→确认返回开机状态，可与其他键配合设置时钟。

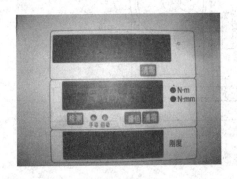

图5-13 操作面板显示部分

图5-14 操作面板控制部分

打印键：用于打印实验结果，打印后序号自动增加；时钟键：按此键可查询当前的年、月、日、时、分、秒，按确认回到初始状态；查询键：按此键可查询当次实验结果；补偿键：用于补偿传感器及机架变形（出厂时已调整好，用户无须调整）；复位键：按此键可恢复至开机手动正向检测状态；确认键：用于每种实验参数输入完毕，设置另一种实验参数时的转换键，或者手动检测状态试验时，任意检测点的确认键。

（2）操作步骤

1）自动检测

①打开电源开关（电器机箱上的空气开关），试验机进入测试状态，此时实验扭矩和位移均自动清零；将机器预热20分钟；

②将试样安装在两夹头间，塞入夹块，把内六角螺钉拧紧；

③根据被动夹头的受力方向选择旋向（被动夹头顺时针受力为正向，逆时针受力为反向）；

④选择自动检测即可测试，在屈服前试验速度在6°～30°/min范围内，屈服后试验速度应不大于360°/min。当试样扭断时，可查询或打印屈服扭矩和最大扭矩及相应转角，按总清进行下一个测试；

⑤刚度显示窗显示每转动1°时扭矩的变化情况，当第一次刚度整数部分为零时，试验机将自动记录材料的屈服扭矩（扭转平台），继续试验将记录材料的最大扭矩；

⑥下一次实验安装试样时，请注意不要使转角转过1°，否则试验机会记录为扭转平台，也可转换为手动检测状态安装试样，自动状态试验。

2）手动检测

选择手动检测（也可选择峰值状态）进行测试，实验至需要记录的转角及扭矩时，按确认键即可记录，最多可记录9个检测点，其他操作步骤同上。

四、注意事项

（1）如果测试过程中实验力不变化或异常，则按复位键重新测试。

（2）如打印机打印数字有异常，请重新打印一次。

（3）如扭矩显示窗口出现数字不稳定或超出 150N·m，应检查电源和传感器是否被损坏。

（4）当试验超过 150N·m 时，试验力过载，显示 EEEEE，请立即卸载，以免损坏传感器。

（5）应定期修整夹紧螺钉夹紧端，以免头部肿胀而难以更换螺钉。

第五节 电阻应变仪

电阻应变仪是用来测量粘贴在构件上的电阻应变片在外力作用下产生应变的仪器。按所测应变的不同，可分为静态电阻应变仪、动态电阻应变仪及静动态电阻应变仪。不论哪一种应变仪，其工作原理都是基于电桥工作。本节主要介绍静动态应变仪的原理和操作方法。

一、基本工作原理

TS3862 静态数字电阻应变仪的基本原理方框图如图 5-15 所示。

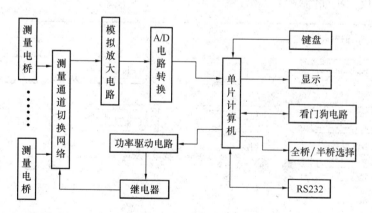

图 5-15　基本原理方框图

应变测量时，欲测试件或构件表面某点的相对变化量 $\Delta L/L$ 即应变 ε，将阻值为 R 的电阻应变片粘贴在试件或构件被测处，当试件或构件受外力作用产生变形时，应变片将随之产生相应的变形，根据金属丝的应变-电阻效应，应变片阻值发生变化，在一定范围内，应变片电阻的相对变化量 $\Delta R/R$ 与试件或构件的相对变化量呈线性关系，即

$$\frac{\Delta R}{R} = K \frac{\Delta L}{L} = K\varepsilon \tag{5-1}$$

式中，K 为应变片的灵敏系数。

由于应变很小，很难直接测得，但由上式可知，只要测得 ΔR，就可求得应变 ε。为此，通常将电阻应变片（或电阻应变片和精密电阻）组成如图 5-16 所示的测量电桥。

图 5-16 中 U_0 为供桥电压，U_i 为电桥输出电压，$R_1 \sim R_4$ 为电阻应变片（或电阻应变片和精密电阻），根据电桥原理可得：

$$U_i = U_0 \frac{R_1 R_4 - R_2 R_3}{(R_1 + R_2)(R_3 + R_4)} \qquad (5\text{-}2)$$

在电桥中 $R_1 = R_2 = R_3 = R_4 = R$，若 R_1、R_2、R_3、R_4 均有相应的电阻增量 ΔR_1、ΔR_2、ΔR_3、ΔR_4 时，电桥输出电压（忽略高次微量）为：

$$U_i = \frac{U_0}{4} \left(\frac{\Delta R_1}{R} - \frac{\Delta R_2}{R} - \frac{\Delta R_3}{R} + \frac{\Delta R_4}{R} \right) \qquad (5\text{-}3)$$

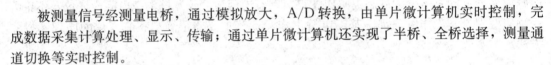

图 5-16 测量电桥

将式（5-1）代入式（5-3）得：

$$U_i = \frac{U_0 K}{4}(\varepsilon_1 - \varepsilon_2 - \varepsilon_3 + \varepsilon_4) = \frac{U_0 K}{4}\varepsilon_d$$

由此可得应变仪的读数应变 ε_d 为：

$$\varepsilon_d = \frac{4 U_i}{U_0 K} = \varepsilon_1 - \varepsilon_2 - \varepsilon_3 + \varepsilon_4$$

被测量信号经测量电桥，通过模拟放大，A/D 转换，由单片微计算机实时控制，完成数据采集计算处理、显示、传输；通过单片微计算机还实现了半桥、全桥选择，测量通道切换等实时控制。

二、面板功能

电阻应变仪面板如图 5-17 所示。

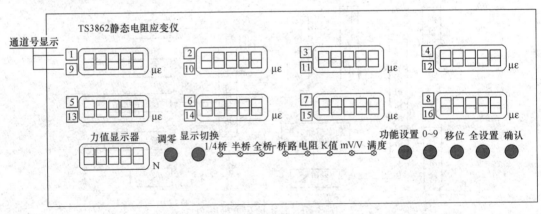

图 5-17 电阻应变仪面板

（1）通道号显示：显示当前测量的 8 个通道，1~8 通道为一组，9~16 通道为另一组，两组通道号由"显示切换"键切换显示。

（2）应变值显示器：共 8 个窗口，同时显示 8 个测点扣除零点后的实际应变值。

（3）力值显示器：用于显示力传感器加载的力值。

（4）"调零"按钮：长按 2s 后，16 测点及力值测点的初始不平衡量被扣除。

（5）"显示切换"按钮：按一次，显示 1~8CH 的应变值；再按一次，显示 9~16CH 的应变值。

以下各键操作及指示灯显示均要求在功能设置状态下进行。

（6）桥路状态指示灯：共有3个指示灯，分别对应1/4桥、半桥、全桥，与"功能设置"键对应的"桥路"灯相关联。

（7）桥路灯：该灯亮时，表示为桥路状态设置。按"0～9"键进行修改，"1"表示1/4桥，"2"表示半桥，"3"表示全桥。

（8）电阻指示灯：该灯亮时，表示为应变片电阻值设置。共有3个应变片电阻值供选择，分别为120Ω、240Ω、350Ω，按"0～9"键选择。

（9）K值指示灯：该灯亮时，表示设置应变片灵敏度系数K值。按"0～9"键配合"移位"键进行修改。

（10）"mV/V"指示灯：该灯亮时，表示设置传感器灵敏度系数mV/V。按"0～9"键配合"移位"键进行修改。

（11）满度指示灯：该灯亮时，表示为传感器满度值设置，有9个满度值供选择，分别为：100N、200N、300N、500N、1000N、2000N、3000N、5000N、10000N，按"0～9"键选择，在力值显示窗口显示。

（12）功能设置按钮：用于选择"桥路""电阻""K值""mV/V""满度"五种功能的设置。长按2s后，进入桥路功能设置状态，每按一次，依次进入下一状态。在"满度"功能设置后再按一次"功能设置"键，仪器退出功能设置状态，进入测量状态。

（13）"0～9"按钮：在设置桥路方式时按此键，当前通道的显示窗显示"1""2""3"，分别表示1/4桥、半桥、全桥。在设置应变片电阻时按此键，当前通道的显示窗显示"120""240""350"三种电阻值。在设置"K值""mV/V"时按此键，在"移位"按钮配合下，当前通道的显示窗由高位向低位，依次显示数字0～9。在设置力传感器满度时，按此键，当前通道的显示窗显示100～10000N等9种满度值。

（14）移位按钮：在设置"K值""mV/V"时按此键，使当前通道的显示窗内闪烁的数码管由高位向低位，配合"0～9"数字键完成3位数或4位数的设置。

（15）全设置按钮：在设置某个参数时，按一下此键，则所有通道的某个参数均相同。

（16）确认按钮：在设置某个参数时，按一下此键，则进入下一通道的同一个参数设置。再按一下此键，进入下一通道的同一个参数设置，依次类推。

（17）RS485口：两个RS485口是并联的，用于多台应变仪接连，用随机提供的RS485-USB转换器与计算机接连。

（18）力传感器输入端子排：5芯端子排，用于与力传感器连接使用，详见图5-18：

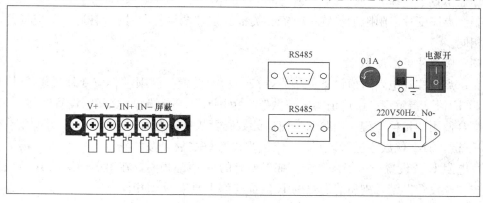

图5-18　电阻应变仪后面板

第 1 芯为 V+（正桥压），第 2 芯为 V-（负桥压），第 3 芯为 IN+，第 4 芯为 IN-，第 5 芯为屏蔽。

(19) 保险丝座：内装 0.5A 保险丝。

(20) 接地开关：开关拨在下面位置时，机箱地与大地相连。

(21) 电源开关：用于开启电源。

(22) 三芯电源插座：用于接入 AC220V 交流电。

三、使用方法

1. 机箱号设置

接入交流电，打开电源开关，仪器进入上电自检过程。此时，8 个显示应变的数码管依次显示全 8 字样，而显示力值的数码管显示机箱号。若机箱号不改变，则当 8 个显示应变的数码管依次显示全 8 字样完毕后（约 8s），自动进入测量状态。若机箱号需改变，在应变窗口依次显示全 8 时，按"功能设置"键，进入机箱号设置状态。通过"0~9"键和"移位"键配合使用，来设置机箱号。机箱号设置完毕后，按"功能设置"键，进入测量状态。

2. 参数设置

长按"功能设置"键 2s 后，进入功能设置状态。每个通道对应的应变片 K 值、电阻、桥路状态均可单独设置，在设置完某个参数后，若按"全设置"键，则所有通道的参数全部相同。

(1) 桥路状态设置

参数设置时首先设置桥路状态，"桥路状态"指示灯亮。第 1 个窗口的数码管闪烁显示数字"1"或者"2"或者"3"，数字 1 与 1/4 桥对应，数字 2 与半桥对应，数字 3 与全桥对应。按"0~9"键可改变桥路状态，第 1 点桥路状态设置完后，按"确认"键则进入第 2 点桥路状态设置……依次类推。如果所有点的桥路状态都相同，在第 1 点的桥路状态设置完后，按"全设置"则所有通道的桥路状态相同。

(2) 应变片电阻设置

每点桥路状态设置完毕后，按"功能设置"键进入应变片"电阻"设置状态，"电阻"指示灯亮。仪器支持 3 种阻值的应变片，分别为 120Ω、240Ω、350Ω。第 1 个窗口的数码管闪烁显示数字"120"或"240"或"350"字样，按"0~9"键选择。按"确认"键则进入第 2 点应变片电阻阻值设置……依次类推。按"全设置"，则所有通道的应变片电阻阻值相同。

(3) 应变片灵敏度 K 设置

在每点应变片电阻阻值设置完毕后，按"功能设置"键则进入应变片灵敏度 K 设置状态，"K 值"指示灯亮。K 值共 3 位数字，范围在 1.00~9.99 之间，设置时按"0~9"键并配合使用"移位"键。当第 1 个窗口的数码管数字闪烁时，按"0~9"键并配合使用"移位"键，对 3 位数字进行设置。3 位数都设置好之后，按"确认"键则进入第 2 通道应变片电阻 K 值设置……依次类推。如果所有的 K 值都相同，在第 1 通道的 K 值设置完后，按"全设置"键，则所有通道的 K 值都与第 1 通道 K 值相同。

(4) 传感器灵敏度"mV/V"设置

在每通道应变片灵敏度 K 设置完毕后，按"功能设置"键则进入传感器灵敏度"mV/V"设置状态，"mV/V"指示灯亮。"mV/V"值设置时，按"0～9"键并配合使用"移位"键，设置方法同 K 值设置，在力值显示窗口显示。

（5）传感器满度值设置

传感器灵敏度"mV/V"设置完毕后，按"功能设置"键则进入传感器满度值设置状态，"满度"指示灯亮。满度值分为 9 档，分别是 100N、200N、300N、500N、1000N、2000N、3000N、5000N、10000N，按"0～9"键选择，在力值显示窗口显示。

3. 测量

在传感器"满度"值设置好之后，再按一次"功能设置"键，5 个功能设置指示灯灭，仪器进入测量状态。

（1）接线准备

根据测试要求，按图 5-19 接好应变片：第 16 点只能接 1/4 桥，且公共补偿接在第 16点 A、B2 端子之间。其余各点可任意接 1/4 桥、半桥、全桥，3 种桥路方式可混接。

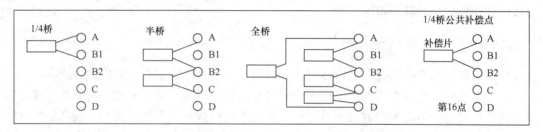

图 5-19　电阻应变仪电桥接线图

（2）测量

开机后，长按"功能设置"键对各点参数进行设置，再按"功能设置"键进入测量状态。各点参数可断电保存，重新开机后无须再设置（如果参数不改变），直接进入测量状态。

（3）测量

仪器预热 20 分钟，长按"调零"键，则各点的读数全部归零。按"显示切换"键，则可轮流显示 CH1～CH8、CH9～CH16 的两组读数，同时传感器的力值显示也归零，然后就可加载进行测量。若某测点过载（短接或断线），则仪器对应测点窗口显示"—————"。

四、注意事项

（1）应采用相同的应变片来构成应变桥，以使应变片具有相同的应变系数和温度系数。

（2）补偿片应贴在与试件相同的材料上，与测量片保持同样的温度。

（3）测量片和补偿片不受强阳光曝晒、高温辐射和空气剧烈流动的影响。

（4）应变片对地绝缘电阻应为 500MΩ 以上，所用导线（包括补偿片）的长度，截面积都应相同，导线的绝缘电阻也应在 500MΩ 以上。

（5）保证线头与接线柱的连接质量，若接触电阻或导线变形引起桥臂改变 1/1000Ω（1mΩ）将引起用 5με 的读数变化。所以在测量时不要移动电缆。

附录

附录 I 误差分析及数据运算

一、误差的概念及分类

实验中，依靠各种仪表、量具测量某个物理量时，由于主客观原因，总不可能测得该物理量的真值，即在测量中存在着误差。若对实验数据取舍和误差分析得当，一方面可以避免不必要的误差，另一方面可以正确地处理测量数据，使其最大限度地接近真值。

测量误差根据其产生原因和性质可以分为系统误差、过失误差和随机误差。实验时，必须明确自己所使用的仪器、量具本身的精度，创造好的环境条件，认真细致地工作，这样就可使误差控制在最小范围。

二、系统误差的消除与增量法

分析实验中的具体情况，可以尽可能地减小甚至消除系统误差。常用的方法有：

(1) 对称法：材料力学实验中所采用的对称法包括两类：对称读数——例如拉伸试验中，试件两侧对称地装上引伸仪测量变形，取其平均值就可消去加载偏心造成的影响（球铰式引伸仪构造本身减弱了这种影响）；再如，为了达到同样目的，可在试件对称部位分别贴应变片。加载对称——在加载和卸载时分别读数，这样可以发现可能出现的残余应力应变，并减小过失误差。

(2) 校正法：经常对实验仪表进行校正，以减小因仪表不准所造成的系统误差。如根据计量部门规定，材料试验机的测力度盘（相对误差不能大于 1%）必须每年用标准测力计（相对误差小于 0.5%）校准；又如电阻变应仪的灵敏系数度盘，应定期用标准应变模拟仪进行校准。

(3) 增量法（逐级加载法）：当需测量某根杆件的变形或应变时，在比例极限内，载荷由 P_1 增加到 P_2、$P_3 \cdots P_i$。在测量仪表上，便可以读出各级载荷所对应的读数 A_1、A_2、$A_3 \cdots A_i$。$\Delta A = A_i - A_{i-1}$ 称为读数差。各个读数的平均值就是当载荷增加 ΔP（一般载荷都是等量增减）时的平均变形或应变。

增量法可以避免某些系统误差的影响。如材料试验机如果有摩擦力 f（常量）存在，则每次施加于试件上的真实力为 $P_1 + f$，$P_2 + f$ 等。再取其增量 $\Delta P = (P_2 + f) - (P_1 + f) = P_2 - P_1$，摩擦力 f 便消去了。又如某试验者读引伸仪时，习惯把数字读得偏高。如果采用增量法，而试验过程中自始至终又都是同一个人读数，个人的偏向所带来的系统误差也可以消除掉。试验过程中，记录人员如果能随时将读数差算出，还可以消去由于实验者粗心所致的过失误差。材料力学实验中，一般采用增量法。

三、实验数据整理的几条规定

1. 读数规定

(1) 从仪表或量具上读出的标度值是试验的原始数据，一定要认真对待，如实记录下来，不得进行任何加工整理。

（2）表盘读数一般读到最小分格的 1/10，其中最后一位有效数字是可疑数字。

2. 数据取舍的规定

明显不合理的实验结果通常称为异常数据。例如：外载增加了，变形反而减小；理论上应为拉应力的区域测出压应力等。这种异常数据往往由过失误差造成，发生这种情况时必须首先找出数据异常的原因，再重新进行测试。对于明显不合理数据产生的原因也应在实验报告中进行分析讨论。

3. 实验结果运算的规定

（1）实验结果运算必须遵循有效数字的计算法则。

①加减法运算时，各位所保留的小数点后的位数应与各数中小数点后位数最少的相同。例如：8.346＋0.0072＋13.49 应写为 8.35＋0.01＋13.49，计算结果为 21.85 而不为 21.8432。

②乘除法时，各因子保留的位数以有效数字最少的为准，所得积或商的准确度不应高于准确度最低的因子。

③大于或等于 4 个数据计算平均值时，有效数增加一位。

（2）实验结果必须用国际单位制表示。

（3）对于理论值的验证实验，应计算实验值和理论值之间的相对误差。

$$相对误差 = \frac{理论值 - 实验值}{理论值} \times 100\%$$

（4）对理论值为零的误差，计算时采用绝对误差。

附录 Ⅱ 实验数据的直线拟合

实验数据的直线拟合是实验数据的重要表示方法之一。在科学实验中，往往需要用解析式（即方程、经验公式）表达各试验物理量之间的函数关系，以便进行微分、积分、插值等多种运算，进一步揭示问题的本质。将试验数据整理成方程，通常采用线性回归方法。

如在材料力学实验中，常要求出载荷与变形间的关系。若以 x 表示力、弯矩、扭矩等，以 y 表示相应的变形，如伸长、缩短、应变、挠度、扭转角等，在弹性范围内，测量值 y 和自变量 x 应为线性关系。但实际上，由于存在偶然误差，一组测量值不可能同在某一条直线上。然而，可以采用数学方法对其进行直线拟合，即给每组测量值配上一条直线。

$$\hat{y} = ax + b \tag{1}$$

该方法通常称为直线拟合。常用的直线拟合方法有以下两种。

一、端直法

将测量数据中的两个端点值，即始点测量值 (x_1, y_1) 和终点测量值 (x_n, y_n) 代入式（1）中可得出：

$$y_1 = ax_1 + b$$
$$y_n = ax_n + b$$

解以上联立方程可得出：

$$a = \frac{y_n - y_1}{x_n - x_1}$$
$$b = y_n - ax_n$$

把 a、b 值代入式（1），即得到端直法拟合的直线方程。

二、最小二乘法

设由实验取得一组数据为 x_1，x_2，$\cdots$，x_n，与其相对应的数据为 y_1，y_2，$\cdots$，y_n，称为一个数据群体。诸试验点的拟合直线方程为：

$$\hat{y} = ax + b$$

显然，$\hat{y}_i$ 与 y_i 不完全相同，两者存在差值。

$$\delta_i = y_i - \hat{y}_i = y_i - (ax_i + b) \tag{2}$$

根据最小二乘法原理，当上式表示的偏差的平方总和为最小时，则式（1）所表示的直线为最佳。因为 δ_i^2 总为正值，若其总和最小，则表示式（1）是最接近这些实验观测点的最佳直线。偏差的平方总和为：

$$Q = \sum_i (\delta_i)^2 = \sum_i \left[y_i - (ax_i + b) \right]^2 = \min$$

上式为最小要求

$$\frac{\partial Q}{\partial a} = 0, \frac{\partial Q}{\partial b} = 0$$

于是有

$$\frac{\partial Q}{\partial b} = -2\sum_{i}\left[y_i - (x_i + b)\right] = 0$$

$$\frac{\partial Q}{\partial a} = -2\sum_{i} x_i\left[y_i - (ax_i + b)\right] = 0$$

经整理后得

$$nb + (\sum x_i)a = \sum y_i \tag{3}$$

$$(\sum x_i)b + (\sum x_i^2)a = \sum xy_i \tag{4}$$

由式（3）和式（4）联立求解得

$$b = \frac{\sum y_i \sum x_i^2 - \sum x_i \sum x_i y_i}{n\sum x_i^2 - (\sum x_i)^2}$$

$$a = \frac{n\sum x_i y_i - \sum x_i \sum y_i}{n\sum x_i^2 - (\sum x_i)^2}$$

把以上结果代入式（1），即得用最小二乘法拟合的直线方程。

附录Ⅲ　常用材料的主要力学性能

常用金属材料力学性能

材料		E (GPa)	μ	$\sigma_{0.2}$ (MPa)	σ_b (MPa)	δ_5 (%)	ψ (%)
名　称	牌　号						
普通碳素钢	Q235	210	0.28	215~315	380~470	25~27	
	Q255	210	0.28	205~235	380~470	23~24	
	Q275	210	0.28	255~275	490~600	19~21	
优质碳素钢	20	210	0.30	245	412	25	55
	35	210	0.30	314	529	20	45
	40	210	0.30	333	570	19	45
	45	210	0.30	353	598	16	40
	50	210	0.30	373	630	14	40
	65	210	0.30	412	696	10	30
合金钢	15Mn	210	0.30	245	412	25	55
	16Mn	210	0.30	280	480	19	50
	30Mn	210	0.30	314	539	20	45
	65Mn	210	0.30	412	700	11	34
	40Cr	210	0.30	785	980	9	45
	40CrNiMo	210	0.30	835	980	12	55
	30CrMnSi	210	0.30	885	1080	10	45
	30CrMnSiNi2A	210	0.30	1580	1840	12	16
灰铸铁	HT100	120	0.25		100（拉）500（压）		
	HT150	120	0.25		100（拉）500（压）		
	HT200	120	0.25		100（拉）500（压）		
	HT300	120	0.25		100（拉）500（压）		
球墨铸铁	QT400-18	120	0.25	250	400	17	
	QT400-15	120	0.25	270	420	10	
	QT500-7	120	0.25	420	600	2	
	QT600-3	120	0.25	490	700	2	
可锻铸铁	KTH300-06	120	0.25		300	6	
	KTH370-12	120	0.25		370	12	
	KTZ450-06	120	0.25	280	450	5	
	KTZ700-02	120	0.245	550	700	2	
铝合金	2A12	69	0.33	343	451	17	20
	7A04	71	0.33	520	580	11	
	7A09	67	0.33	480	530	14	
	2A14	70	0.33		480	19	

附录Ⅳ 工程材料力学性能实验的国家标准简介及其适用范围

工程材料的力学性能，是以通过实验测定的有关数据来表征的。然而，这些力学性能参数在一定程度上取决于实验方法。如试样的取样、形状和尺寸的设计、表面加工质量的状况，采用试验机的类型及实验速度的选择，相匹配仪表的精度等级以及实验结果数据处理等因素，都对实验结果有直接的影响。因此，统一实验方法是非常重要的，以便对不同的实验室和不同工作人员得出的结果进行比较，这就需要制定实验方法的有关标准。另外，实验标准也有自身的科学性，依据它进行实验，就可以保证实验结果准确、可靠。

我国现行的材料力学性能实验标准有三个级别，即国家标准、国家专业（部委）标准和厂矿企业标准。前面二级标准均由国家相关部委颁布，在全国范围内实施。随着科学技术的进步、生产的发展，国家标准在若干年后要进行修订，并重新颁布实行。因此，依据最新国家标准进行实验，其结果才能得到社会的承认。

我国的国家标准代号为GB，YB为中华人民共和国黑色冶金行业标准代号，JB为中国机械行业（含机械、电工、仪器仪表等）行业标准代号。通常又称YB和JB为国家专业标准代号。标准代码中的T表示推荐标准。现在，有些力学性能试验已有国际标准，代号为ISO。ANSI为美国国家标准代号，ASTM为美国材料与试验协会标准代号，ГOCT为苏联国家标准代号，JIS为日本工业标准（作为日本国家标准）代号，DIN为德国国家标准代号，BS为英国国家标准代号，NF为法国国家标准代号。目前，我国国家标准逐步向国际标准ISO靠拢。本书仅介绍常用国家标准及其适用范围。

为了对标准的编号及含义有所了解，下面举例说明。

常用国家标准及其适用范围

序号	标准名称	标准编号	适用范围
1	钢及钢产品 力学性能试验取样位置及试样制作	GB/T 2975—1998	适用于测定黑色和有色金属材料的通用拉伸试样和无特殊要求的棒材、型材、板（带）材、线（丝）材、铸件、压铸件及锻压件的试样
2	金属材料室温拉伸试验方法	GB/T 228.1—2010	适用于测定金属材料在室温下拉伸的规定非比例伸长应力、规定总伸长应力、规定残余伸长应力、屈服点、上屈服点、下屈服点、抗拉强度、屈服点伸长率、最大应力下的总伸长率、最大应力下的非比例伸长率、断后伸长率和断面收缩率

序号	标准名称	标准编号	适用范围
3	金属材料弹性模量和泊松比试验方法	GB/T 22315—2008	适用于静态法和动态法测定金属材料弹性状态的弹性模量、弦线模量、切线模量和泊松比
4	金属材料室温压缩试验方法	GB/T 7314—2005	适用于制作金属材料压缩试样和测定金属材料在室温下单向压缩的规定非比例压缩应力、规定总压缩应力、屈服点、弹性模量及脆性材料的抗压强度
5	金属材料室温扭转试验方法	GB/T 10128—2007	适用于测定金属材料在室温下扭转的切变模量、规定非比例扭转应力、屈服点、上屈服点、下屈服点、抗扭强度、最大非比例切应变
6	金属弯曲力学性能试验方法	GB/T 14452—1993	适用于测定脆性和低塑性断裂金属材料弯曲弹性模量、规定非比例弯曲应力、规定残余弯曲应力、抗弯强度、断裂挠度和弯曲断裂能量
7	金属材料夏比摆锤冲击试验方法	GB/T 229—2007	适用于金属材料室温简支梁受力状态大能量一次冲断试样吸收能量的测定
8	金属夏比冲击断口测定方法	GB/T 12778—2008	适用于测定金属材料夏比冲击试样断口,其他类型的冲击试样断口也可参照使用
9	金属材料疲劳试验-旋转弯曲方法	GB/T 4337—2008	适用于在室温、空气条件下,测定金属圆形横截面试样在旋转状态下承受纯弯曲力矩时的疲劳性能
10	金属材料疲劳试验-轴向力控制方法	GB/T 3075—2008	适用于在室温、空气条件下,测定金属在承受各种类型循环应力的恒载荷轴向的疲劳性能
11	金属材料疲劳试验-轴向应变控制方法	GB/T 26077—2010	适用于测定金属材料在恒温恒幅条件下应变控制的单轴加载试样的疲劳性能

附录Ⅴ　材料力学实验报告

材料力学实验报告

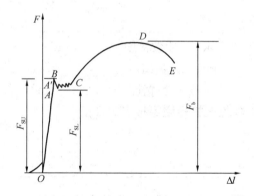

班　　级：＿＿＿＿＿＿＿＿＿＿

姓　　名：＿＿＿＿＿＿＿＿＿＿

学　　号：＿＿＿＿＿＿＿＿＿＿

实验项目	实验一	实验二	实验三	实验四	实验五	实验六	实验七	实验八	实验九	实验十	实验十一	实验十二	教师签字
分项成绩													
总评成绩													

实验一　拉伸与压缩实验报告

班级：_____　姓名：_____　同组人员：_____

时间：_____　地点：_____

一、实验目的

项　目	实验预习与操作	数据处理	实验成绩
成绩			
指导教师签字			

二、实验仪器设备

试验机名称型号_____

低碳钢选用量程_____kN　读数精度_____kN

铸铁选用量程_____kN　读数精度_____kN

量具名称_____　读数精度_____mm

三、低碳钢和铸铁力学性能指标测定报告的表格

（1）试件尺寸记录

1）拉伸试样

材料	标距 L_0 (mm)	直径（mm）									最小横截面面积 A_0 (mm²)
		横截面1			横截面2			横截面3			
		(1)	(2)	平均	(1)	(2)	平均	(1)	(2)	平均	
低碳钢											
铸铁											

2）压缩试样

材料	高度 (mm)	直径（mm）									最小横截面面积 A_0 (mm²)
		横截面1			横截面2			横截面3			
		(1)	(2)	平均	(1)	(2)	平均	(1)	(2)	平均	
低碳钢											
铸铁											

（2）实验数据

1）拉伸实验

材　料	屈服载荷 P_s（kN）	最大载荷 P_b（kN）	断后标距 l_1（mm）	断裂处最小直径 d_1（mm）		
				（1）	（2）	平均
低碳钢						
铸铁						

2）压缩实验

材料	屈服载荷 P_s（kN）	最大载荷 P_b（kN）
低碳钢		
铸　铁		

（3）作图（定性画出，适当注意比例，特征点要清楚）

受力特征	材料	P-Δl 曲线	断口形状和特征
拉伸	低碳钢		
	铸　铁		
压缩	低碳钢		
	铸　铁		

(4) 材料拉伸、压缩时力学性能计算

项 目	低 碳 钢		铸 铁	
	计算公式	计算结果	计算公式	计算结果
拉伸屈服极限 σ_s (MPa)				
拉伸强度极限 σ_b (MPa)				
延伸率 δ (%)				
断面收缩率 ψ (%)				
压缩屈服极限 σ_{sc} (MPa)				
压缩强度极限 σ_{bc} (MPa)				
引起破坏的应力	拉伸实验	压缩实验	拉伸实验	压缩实验

实验二 扭转实验报告

班级：_____ 姓名：_____ 同组人员：_____
时间：_____ 地点：_____

一、实验目的

项　目	实验预习与操作	数据处理	实验成绩
成绩			
指导教师签字			

二、实验仪器设备

试验机名称型号_____

试验机选用量程_____N·m　读数精度_____N·m

量具名称_____　读数精度　_____mm

三、低碳钢和铸铁力学性能指标测定报告的表格

（1）试件尺寸记录

材料	直径（mm）									最小横截面抗扭截面系数 W_t（mm³）
	横截面1			横截面2			横截面3			
	（1）	（2）	平均	（1）	（2）	平均	（1）	（2）	平均	
低碳钢										
铸铁										

（2）实验数据记录

项　目	材　料	
	低　碳　钢	铸　　铁
屈服扭矩		
破坏扭矩		

(3) 材料扭转力学性能计算

项　　目	低　碳　钢		铸　　铁	
	计算公式	计算结果	计算公式	计算结果
剪切屈服极限				
剪切强度极限				
引起破坏的应力				

(4) 作图（定性画出，适当注意比例，特征点要清楚）

受力特征	材料	T-ϕ 曲线	断口形状和特征
扭 转	低碳钢		
	铸　铁		

四、问题讨论

试画出圆轴扭转时危险点的应力状态，主应力及主平面方位。

实验三 材料弹性模量 E 和泊松比 μ 的测定实验报告

班级：_____ 姓名：_____ 同组人员：_____

时间：_____ 地点：_____

一、实验目的

项　目	实验预习 与操作	数据 处理	实验 成绩
成绩			
指导教 师签字			

二、实验仪器设备

实验设备名称型号_____

实验设备选用量程_____kN 读数精度_____kN

量具名称_____ 读数精度_____mm

三、材料弹性模量 E 和泊松比 μ 测定报告的表格

试　件　尺　寸				
平均截面积 A（mm²）		1	2	3

应变片方位		轴向应变片		横向应变片	
载荷（N）	载荷增量（N）	读数 ε_r（$\mu\varepsilon$）	增量 $\Delta\varepsilon$	读数 ε'_r	增量 $\Delta\varepsilon'$
$F_0=$					
$F_1=$					
$F_2=$					
$F_3=$					
$F_4=$					
载荷增量平均值 $\Delta F=$		$\Delta\varepsilon_{均}=$		$\Delta\varepsilon'_{均}=$	
弹性模量 $E=$		泊松比 $\mu=$			

$\sigma\text{-}\varepsilon$ 图

实验四　材料剪切弹性模量 G 的测定实验报告

班级：_____　姓名：_____　同组人员：_____

时间：_____　地点：_____

一、实验目的

项　目	实验预习与操作	数据处理	实验成绩
成绩			
指导教师签字			

二、实验仪器设备

实验设备名称型号_____

实验设备选用量程_____　读数精度_____mm

量具名称_____　读数精度_____mm

三、材料剪切弹性模量 G 的测定报告表格

（1）实验原始尺寸记录

材　料	标距 l (mm)	直径 d (mm)						平均横截面极惯性矩 I_{p} (mm⁴)
		截面 1			截面 2			
		(1)	(2)	平均	(1)	(2)	平均	
低碳钢								

（2）实验数据和计算

载荷 (N·m)	百分表读数				两次实验读数差的平均值	扭转角增量 $\Delta \phi_i$	剪切弹性模量 $G_i = \dfrac{\Delta T \cdot l}{I_{\mathrm{p}} \cdot \Delta \phi_i}$
	第一次读数	读数差	第二次读数	读数差			
$T_0 =$							
$T_1 =$							
$T_2 =$							
$T_3 =$							
$T_4 =$							
$\Delta T =$	剪切弹性模量 $G = \dfrac{1}{n} \Sigma G_i =$						

实验五　材料剪切弹性模量 G 的电测法测定实验报告

班级：_____　姓名：_____　同组人员：_____

时间：_____　地点：_____

一、实验目的

项　目	实验预习与操作	数据处理	实验成绩
成绩			
指导教师签字			

二、实验仪器设备

实验设备名称型号_____

实验设备选用量程_____　读数精度_____mm

量具名称_____　读数精度_____mm

三、材料剪切弹性模量 G 的电测法测定报告表格

（1）实验原始尺寸记录

材料	标距 l (mm)	直径 d (mm)						平均横截面的抗扭截面系数 W_p (mm³)
		截面 1			截面 2			
		（1）	（2）	平均	（1）	（2）	平均	
低碳钢								

（2）实验数据和计算

载荷 (N·m)	应变仪读数				两次读数差的平均值 $\Delta\varepsilon_{ri}$	每次施加扭矩的增量 ΔT_i	剪切弹性模量 $G_i = \dfrac{\Delta T_i}{W_p \cdot \Delta\varepsilon_{ri}}$
	第一次读数 ε_{ri}	读数差	第二次读数 ε_{ri}	读数差			
$T_0 =$							
$T_1 =$							
$T_2 =$							
$T_3 =$							
$T_4 =$							
$\Delta T =$	剪切弹性模量 $G = \dfrac{1}{n}\sum G_i =$						

实验六　弯曲正应力实验报告

班级：_____　姓名：_____　同组人员：_____

时间：_____　地点：_____

一、实验目的

项　目	实验预习与操作	数据处理	实验成绩
成绩			
指导教师签字			

二、实验仪器设备

实验设备名称型号_____

实验设备选用量程_____　　读数精度_____

三、弯曲正应力实验报告表格

试　件　尺　寸			
梁截面高（mm）	梁截面宽（mm）	力臂长度 C（mm）	金属弹性模量 E

实　验　记　录　及　结　果																
载荷 (kN)	载荷增量 ΔP	ε_1	$\Delta\varepsilon_1$	ε_2	$\Delta\varepsilon_2$	ε_3	$\Delta\varepsilon_3$	ε_4	$\Delta\varepsilon_4$	ε_5	$\Delta\varepsilon_5$	ε_6	$\Delta\varepsilon_6$	ε_7	$\Delta\varepsilon_7$	ε_8 $\Delta\varepsilon_8$
$P_0=$																
均值		$\Delta\bar\varepsilon_1=$		$\Delta\bar\varepsilon_2=$		$\Delta\bar\varepsilon_3=$		$\Delta\bar\varepsilon_4=$		$\Delta\bar\varepsilon_5=$		$\Delta\bar\varepsilon_6=$		$\Delta\bar\varepsilon_7=$		$\Delta\bar\varepsilon_8=$
实验值 σ （MPa）																
理论值 σ （MPa）																

实验七　叠梁（复合梁）正应力分布规律实验报告

班级：_____　姓名：_____　同组人员：_____
时间：_____　地点：_____

一、实验目的

项 目	实验预习与操作	数据处理	实验成绩
成绩			
指导教师签字			

二、实验仪器设备

实验设备名称型号_____

实验设备选用量程_____　读数精度_____

三、叠梁（复合梁）正应力分布规律实验报告表格

原始数据

1～6 号应变片至中性层的距离（mm）

Y_1	Y_2	Y_3	Y_4	Y_5	Y_6

上侧梁测量数据表

载荷 应变片序号		1		2		3		4		5		6	
P（kN）	ΔP（kN）	ε（$\mu\varepsilon$）	$\Delta\varepsilon$（$\mu\varepsilon$）	ε（$\mu\varepsilon$）	$\Delta\varepsilon$（$\mu\varepsilon$）	ε（$\mu\varepsilon$）	$\Delta\varepsilon$（$\mu\varepsilon$）	ε（$\mu\varepsilon$）	$\Delta\varepsilon$（$\mu\varepsilon$）	ε（$\mu\varepsilon$）	$\Delta\varepsilon$（$\mu\varepsilon$）	ε（$\mu\varepsilon$）	$\Delta\varepsilon$（$\mu\varepsilon$）
$P_0=$													
$\Delta\varepsilon_{均}$（$\mu\varepsilon$）													

下侧梁测量数据表

应变片序号 载荷		1		2		3		4		5		6	
P（kN）	ΔP（kN）	ε（$\mu\varepsilon$）	$\Delta\varepsilon$（$\mu\varepsilon$）	ε（$\mu\varepsilon$）	$\Delta\varepsilon$（$\mu\varepsilon$）	ε（$\mu\varepsilon$）	$\Delta\varepsilon$（$\mu\varepsilon$）	ε（$\mu\varepsilon$）	$\Delta\varepsilon$（$\mu\varepsilon$）	ε（$\mu\varepsilon$）	$\Delta\varepsilon$（$\mu\varepsilon$）	ε（$\mu\varepsilon$）	$\Delta\varepsilon$（$\mu\varepsilon$）
$P_0=$													
$\Delta\varepsilon_{均}$（$\mu\varepsilon$）													

数据处理表

应变片号	1	2	3	4	5	6
上侧梁的理论值与实验值						
理论应力值（MN/m²）						
实验应力值（MN/m²）						
相对误差						
下侧梁的理论值与实验值						
理论应力值（MN/m²）						
实验应力值（MN/m²）						
相对误差						

实验八　偏心拉伸实验报告

班级：_____　姓名：_____　同组人员：_____
时间：_____　地点：_____

一、实验目的

项　目	实验预习 与操作	数据 处理	实验 成绩
成绩			
指导教 师签字			

二、实验仪器设备

实验设备名称型号_____

实验设备选用量程_____　　读数精度_____

量具名称_____　　读数精度_____mm

三、偏心拉伸实验报告表格

（1）实验原始尺寸记录（自行设计实验数据记录表格）。

（2）计算各个测点的正应力大小，并依据结果绘制试件横截面的正应力分布示意图。

（3）根据自行设计的测量方案，计算出试件的偏心距。

实验九 平面应力状态下主应力的测试实验报告

班级：_____ 姓名：_____ 同组人员：_____

时间：_____ 地点：_____

一、实验目的

项　目	实验预习与操作	数据处理	实验成绩
成绩			
指导教师签字			

二、实验仪器设备

实验设备名称型号_____

实验设备选用量程_____ 读数精度_____

三、平面应力状态下主应力的测试实验报告表格

（1）实验数据和计算表 1

读数应变 载荷		A						B					
		$-45°$ (R_1)		$0°$ (R_2)		$45°$ (R_3)		$-45°$ (R_4)		$0°$ (R_5)		$45°$ (R_6)	
P (kN)	ΔP (kN)	ε ($\mu\varepsilon$)	$\Delta\varepsilon$ ($\mu\varepsilon$)	ε ($\mu\varepsilon$)	$\Delta\varepsilon$ ($\mu\varepsilon$)	ε ($\mu\varepsilon$)	$\Delta\varepsilon$ ($\mu\varepsilon$)	ε ($\mu\varepsilon$)	$\Delta\varepsilon$ ($\mu\varepsilon$)	ε ($\mu\varepsilon$)	$\Delta\varepsilon$ ($\mu\varepsilon$)	ε ($\mu\varepsilon$)	$\Delta\varepsilon$ ($\mu\varepsilon$)
$P_0=$													
$P_1=$													
$P_2=$													
$P_3=$													
$P_4=$													
$\Delta\varepsilon_{均}$ ($\mu\varepsilon$)													

（2）实验数据和计算表 2

载荷 / 读数应变		C						D					
		−45° (R₁)		0° (R₂)		45° (R₃)		−45° (R₄)		0° (R₅)		45° (R₆)	
P (kN)	ΔP (kN)	ε ($\mu\varepsilon$)	$\Delta\varepsilon$ ($\mu\varepsilon$)	ε ($\mu\varepsilon$)	$\Delta\varepsilon$ ($\mu\varepsilon$)	ε ($\mu\varepsilon$)	$\Delta\varepsilon$ ($\mu\varepsilon$)	ε ($\mu\varepsilon$)	$\Delta\varepsilon$ ($\mu\varepsilon$)	ε ($\mu\varepsilon$)	$\Delta\varepsilon$ ($\mu\varepsilon$)	ε ($\mu\varepsilon$)	$\Delta\varepsilon$ ($\mu\varepsilon$)
$P_0=$													
$P_1=$													
$P_2=$													
$P_3=$													
$P_4=$													
$\Delta\varepsilon_{均}$ ($\mu\varepsilon$)													

（3）实验数据和计算表 3

主应力 / 被测点	实验测试结果			
	A	B	C	D
σ_1（MPa）				
σ_3（MPa）				
ϕ_0（°）				

主应力 / 分析点	理论计算结果			
	A	B	C	D
σ_1（MPa）				
σ_3（MPa）				
ϕ_0（°）				

实验十 压杆稳定实验报告

班级：_____ 姓名：_____ 同组人员：_____

时间：_____ 地点：_____

一、实验目的

项　目	实验预习 与操作	数据 处理	实验 成绩
成绩			
指导教 师签字			

二、实验仪器设备

实验设备名称型号_____

实验设备选用量程_____ 读数精度_____N

三、压杆稳定实验报告表格

实验数据和计算表

试件尺寸							
压杆长度 （L） （mm）	横截面Ⅰ		横截面Ⅱ		横截面Ⅲ		最小横截面 面积 A （mm^2）
	厚 （mm）	宽 （mm）	厚 （mm）	宽 （mm）	厚 （mm）	宽 （mm）	

实验记录及结果

约束情况	上支座情况	下支座情况	临界载荷1	临界载荷2	临界载荷3
1					
2					
3					
理论值 P_{cr}	约束情况		1	2	3
	理论计算结果				

实验十一　冲击实验报告

班级：＿＿＿＿＿　姓名：＿＿＿＿＿　学号：＿＿＿＿＿
时间：＿＿＿＿＿　地点：＿＿＿＿＿

一、实验目的

项　目	实验预习与操作	数据处理	实验成绩
成绩			
指导教师签字			

二、实验仪器设备

实验设备名称型号＿＿＿＿＿＿＿＿＿＿＿＿＿＿＿＿＿＿

实验设备选用量程＿＿＿＿＿　读数精度＿＿＿＿＿J

量具名称＿＿＿＿＿＿＿＿　读数精度＿＿＿＿mm

三、冲击实验报告表格

实验数据和计算表

项　目　　　　　　　　　　　材　料		低　碳　钢	铸　铁
缺口处截面尺寸	长 a （cm） 宽 b （cm）	$a=$　　$b=$	$a=$　　$b=$
面积 A （cm²）			
空打示值 E_1 （J）			
冲断试件示值 E_2 （J）			
冲击功 （E_2-E_1）　W （J）			
冲击韧度 α_k （J/cm²）			

实验十二 测定未知载荷实验报告

班级：_____ 姓名：_____ 同组人员：_____
时间：_____ 地点：_____

一、实验目的

项　目	实验预习与操作	数据处理	实验成绩
成绩			
指导教师签字			

二、实验仪器设备

实验设备名称型号_____

实验设备选用量程_____ 读数精度_____

量具名称_____ 读数精度_____mm

三、偏心拉伸实验报告表格

（1）实验原始尺寸记录（自行设计实验数据记录表格）。

（2）自行设计测量方案，绘制出测量电桥并给出待测量的表达式。

（3）根据自行设计的测量方案，计算出悬臂梁自由端的未知载荷和固定端的支反力偶。

参 考 文 献

［1］ 刘鸿文，吕荣坤．材料力学实验［M］．4 版．北京：高等教育出版社，2017.

［2］ 陈传尧，王元勋．工程力学［M］．北京：高等教育出版社，2018.

［3］ 刘鸿文．材料力学Ⅰ［M］．6 版．北京：高等教育出版社，2017.

［4］ 鞠彦忠．工程材料力学实验［M］．北京：中国电力出版社，2008.

［5］ 李治森．基础力学实验指导［M］．北京：中国电力出版社，2013.

［6］ 王谦源，陈凡秀，韩明岚，等．工程力学实验教程［M］．北京：科学出版社，2008.

［7］ 杨绪普，董璐，王波，段力群．工程力学实验［M］．北京：中国铁道出版社，2018.

［8］ 沙定国．误差分析与测量不确定度评定［M］．北京：中国计量出版社，2003.

［9］ 邓宗白，金江．材料力学实验与训练［M］．北京：高等教育出版社，2014.

［10］ 盖秉政．实验力学［M］．哈尔滨：哈尔滨工业大学出版社，2006.

［11］ 熊丽霞，吴庆华．材料力学实验［M］．北京：科学出版社，2006.

［12］ 邓小青．实验力学基础［M］．北京：高等教育出版社，2013.